女人 别让现实耗尽你的美好

郑沄◎编著

中国纺织出版社

内 容 提 要

青春是人生中最美好的时期，都对未来充满无限憧憬。或许你对未来很迷茫，或许你会经受种种磨难和挫折，但你要学会开启内心的自我防御机制，千万别让现实耗尽了你的美好。

本书就是针对初入社会的女人而编写，帮助女人们认识到，岁月和时间都在逐渐消耗着你的美好，你需要保护自己的内心不被外界所干扰；你需要记住，不管生活多糟糕，你都可以过得很精彩，都可以披荆斩棘，成就你自身的美丽传奇。

图书在版编目(CIP)数据

女人别让现实耗尽你的美好 / 郑沄编著.—北京：中国纺织出版社，2018.3

ISBN 978-7-5180-4484-9

Ⅰ.①女… Ⅱ.①郑… Ⅲ.①女性—人生哲学—通俗读物 Ⅳ.①B821-49

中国版本图书馆 CIP 数据核字(2017)第 315275 号

责任编辑：闫 星　　特约编辑：王佳新　　责任印制：储志伟

中国纺织出版社出版发行

地址：北京市朝阳区百子湾东里 A407 号楼　邮政编码：100124

销售电话：010—67004422　传真：010—87155801

http://www.c-textilep.com

E-mail:faxing@c-textilep.com

中国纺织出版社天猫旗舰店

官方微博 http://weibo.com/2119887771

北京佳信达欣艺术印刷有限公司印刷　各地新华书店经销

2018 年 3 月第 1 版第 1 次印刷

开本：710×1000　1/32　印张：8.5

字数：220 千字　定价：35.00 元

序言 Preface

著名作家苏岑曾说过:"爱世界,爱自己,是女人一生的两大课题。爱世界,是一种善天下的宽厚;爱自己,是一种善其身的自护。"这句话道出了现代女性应该努力的方向,的确,现代社会,越来越多的女性认识到,我们只有认清社会现实,只有从不切实际的幻想中走出来,靠自己的双手才能挣来幸福的明天。

然而,随着时间的推移、年龄的增长,女人会在生活中遇到种种不如意。对她们来说,各种各样的艰辛磨难,不仅带走了她们的青春年华,也耗尽了她们身上那些美好的东西,她们的身上存储着巨大的负能量,这种负能量辐射她们身边的每一个人身上,她们感到越来越累。

生活中疲于奔命的女人们,你还记得上次认真读完一本书是什么时候吗?你是否已经搁浅了你的爱好?你是否早已忽略了穿衣打扮?你是否经常动不动与人争得面红耳赤?如果是,那么,你的美好正在被耗尽。

然而,也有很多女人感叹:"我也知道女人应该美好,应该温柔大方,然而我太忙了,每天除了要承担繁重的工作,还有家里的事,这些就够我们忙活了。一个女人要扮演多重角色,妻子、母亲、女儿，家里的一日三餐要张罗，丈夫的西装领带要操心，孩子的作业要检查，每天就像一个陀螺一样忙得团团转，可是临到睡觉的时候还觉得有一大堆事没有做完。”的确，大部分女人几乎把所有的时间都花在了家庭和事业上，唯独忘记了该修炼美好的自己。很多女人常常习惯地把自己的心囚禁在一个狭小的天地里，于是琐碎、烦恼、苦闷、忧郁随之而来。一个愁容满面的女人在任何时候都不会美丽动人，更别谈美好。

哪个女人不希望自己楚楚动人、美丽大方呢？事实上，这既是一种美好的幻想，也是一个可以实现的梦想。本书就是着眼于女人想要修炼美好必须注意的关键问题，它告诫女人们，要学会关注并保护自己的内心，要学会清除心灵垃圾。本书是深入浅出地给女人提出了如何成为美好女人的“必修课程”，让女人们明白，无论外界发生什么，都能做到坚守内心、建造幸福，创造幸福人生。

编著者

2017年6月

目录
Contents

Chapter 9 干得好不如嫁得好，婚姻是女人命运的拐点

Chapter 10 宠爱自己多一点，别甘心成为“泥命”的女人

Chapter 1

那些世俗的女人，才不会落得“劳碌命”

一些女人有着让人羡慕的“好命”，不管是容貌、健康、爱情，还是事业，或者一份快乐的心情，她们看似都能轻松拥有。是命运对她们特别眷顾吗？其实这里面另有奥秘。

那些在 20 几岁就成功地摆脱了“劳碌命”的女人，是因为她们拥有世俗的眼光和现实的智慧，早早抛弃了那种天真的、毫无根据的幻想，规划好了自己的人生道路。

女人悲哀的命运，在于对世俗认识太晚

一直以来，“掌上明珠”这个词，就是每个家庭里女人的代称。是的，哪个女人小时候，不是父母悉心关照的宝贝呢？但是每个“女人”，总要成长为“女人”，开始独立地面对这个世界。

女人的命运可以分为两种，第一种命运不是我们可以掌控的，一个女人如果家庭环境好，父母关爱，那么她就可以拥有幸福快乐的童年和少女时代。成年以后，命运就要握在自己的手心里了。普通家庭的女人，固然要脱离亲人的关照，一点一滴地开始自己的生活积累。即使“父母的家”要风得风，要雨得雨，也不可能永远给予一个女人最完美的庇护。

一个小女人或者青春少女，尽可以噘着小嘴撒娇，挽着父母的胳膊要这要那。而当她成年后，如果还漂泊不定，找不到合适的工作，遇不到合适的伴侣，有大事小情，依然在父母长辈跟前伸手，别人不嫌弃，自己也会觉得苦涩。

所以每个女人，对于前途都应该有一些紧迫感。张爱玲有一句话：“你还年轻吗？不要紧，你很快就会老的。”年轻虽好，但是岁月不会为任何人停留，如果你在30岁以后，一切都已基本定型时，无疑就有些晚了。

要认识世俗，学会现实，在社会上找到自己的位置是女人首先要解决的问题。

真正能把人从困窘和痛苦中拯救出来的，是实际的生存技能，

而不是对于生活的憧憬和幻想。人生对每个女人都是一场综合的考验，不会对谁网开一面。在现实生活中，想得远不是错误，前提是你必须做得踏实。女人的浮躁是普遍存在的，看不起眼前的小事，只想一步登天地过上自己想要的生活。

而"现实型"的女人，懂得把梦想藏在心里。对于通过努力自己能够得到什么样的工作和生活，她们会想得清清楚楚。自己要选择什么样的异性交往，几年之后可以买房买车，通过怎样的投资计划获得财务自由，都是她们曾经反复考虑过的问题。

一个女人的命运如何，是要自己负责的。20 岁以后，当女人们面临许多命运的十字路口时，她们对人生的认识、对未来的选择，将决定她们将来的命运。

有很多女人听从感觉的召唤选择轻松的生活，选择让自己心动的爱人。一些早早地就确立了自己的人生目标，打扮得中规中矩、手巧嘴甜、很会"做人"的乖乖女，在同龄伙伴的心中并没有多高的地位。大家追捧的，是那些会玩会乐、生活丰富多彩的女人。

但是十年、二十年之后再看呢？那些曾经让女人们不屑的专业技能、处世智慧，还有性格温和会疼人会赚钱的老公，就日益显示出其优越性来。想象一下，当你四五十岁的时候，额头上已有皱纹，两鬓已生白发，却每日要急匆匆地挤公交车，和年轻的女人一起为生活奔忙，心里又是什么滋味呢？靠男人吗？当年那个说尽了甜言蜜语的英俊小生，如今正逢中年失业的打击，每天唉声叹气，能自顾就不错了。一些聪明可爱的女人，之所以走到这一步，都是因为年轻时没有好好规划自己的人生。她们生活在感觉的世界里，不愿意向世俗低头，于是多年之后只能默默地吞咽自己酿造的命运之果。

要做好命的女人，就必须明白，女人真正的幸福不在于年轻时是否活得潇洒，而在于中年之后，是否能过上一种从物质到精神都获得满足的优越生活。女人们在年轻的时候，总是过分乐观地逃避现实，不愿意去想倒霉的事，等事情发生了，即使你已经清醒，时光也不会倒流。

无论对于男人还是女人，“命运”这个词，是成功者的谦虚，也是失败者的借口。女人一生的命运，取决于她觉醒的早晚，如果她能在年轻时就对现实有一种明确的认识，把生活的技能、爱情的选择看作自己命运的加分因素，一点一点努力积累，那么，起点再低的女人，也会获得“好命女”的终生成就。相反，如果一个女人一直活得浑浑噩噩，再高的命运分数，也会被她消耗殆尽。

命运私语

世俗就是现实一点，拥有世俗的心态，就不会有那么多困惑。对于年轻的女人，许多视而不见的东西往往在三十几岁时才能够发现它的价值，选择让自己不后悔的一条路，这便是世俗的智慧。

学会世故，意味着在现实生活里活得诚实

一个女人要想在社会上生活得很好，首先要认识的应该是社会不那么单纯和美好的一面。在缺乏人生阅历的年轻女人眼中，世界非黑即白，她们相信，一切事物都应该像有标准答案的考试一样，能客观地评定优劣。

而事实上，她们身边的环境比想象中要复杂得多，有许多不为人注意、不为人重视的潜规则，如一只看不见的手，在左右着她们的生活。

活得诚实，就要求女人要认识到这些规则，适应这些规则。

一个女人成年以后，就应该慢慢变得成熟而圆通了。社会并不是一个可以任性的地方，曾经的那些大小姐的脾气，要学会收敛。

你要使自己受欢迎，给人以和蔼可亲的印象，就要学会运用一种有效而"得民心"的策略，使周围的人对你的谦逊和热情给予充分肯定，然后他们才可能给你提供更多的便利。这样，我们的人生中所遇到的阻力就会小得多，与好运气也会越来越近。

张欣和罗小梅是公司新来的大学生，两个人被安排在同一部门，做同样的工作，在工作能力和工作业绩上也不相上下，但两个人在为人处世方面却有很大不同。

张欣还保留着在学校时的习惯，对同事不是直呼其名，就是"小张""老王"地乱喊，这惹得公司里一些资格很老又有一定职位

的同事很不满，他们觉得这个女人不懂得尊重前辈，非常没有礼貌。更有甚者，在一次聚会中，部门经理当场唱了一首歌，其中有一句跑了调。大家都低着头，若无其事地打着拍子，只有张欣忍不住笑出声来，令经理非常尴尬。

当然，一个大男人不能因为这点小事找女人的别扭，但是经理考虑到张欣做人不成熟，没分寸，自然不放心让她去见重要客户或者上层领导，倒是一些打杂跑腿的活儿，都派到她的头上。

罗小梅的表现则是另一样，她见谁都恭恭敬敬的，周围的同事有职务的称呼职务，没职务的则喊"大哥""大姐"。她下班以后，看有人没走就会留下来，与人家聊聊天，说说话。谁有什么困难，她也会尽力帮助。当然，她也经常向别人求助。

有一次，她来到经理的办公室，说有一件大事，务必请他帮忙。原来她的姑姑身体不好，听说经理的太太是本市内科的权威，想请她好好检查一下。经理一向以太太为傲，这个忙当然是要帮的。之后，罗小梅又去经理家里拜访，关系处得非常融洽。

不久后，公司出现了一个经理助理的空缺，上上下下都一致认为罗小梅是最佳人选，她也顺理成章地坐到这个位子上。

5 年之后，当年的新人变成了公司的骨干，可是比起罗小梅来，张欣从职位到薪水都差了一大截，而她也心灰意冷，认为自己运气太差，无论如何也比不过罗小梅了。

现在的年轻女人，大都受过良好的教育，底子都不差。但是在漫长的人生历程里，"做人"也是一项非常重要的基本功。我们要想在工作和生活中顺心如意，单靠勤勤恳恳地埋头苦干是不够的，来自周围人的支持与认可，绝对是一个人最佳的成功助力。

在职场如此，在家庭中也是一样。

当一个女人决定和一个男人共同生活时,他的家庭也就变成了她的家庭。与丈夫的家人处得好不好,便成了女人快不快乐的重要因素。很多女人个性太强,虽然心眼不坏,但嘴上不肯吃亏。自己家里,本来就有疼爱自己的父母和早已熟络的阿姨哥嫂,再把这些可爱称呼奉献给他人,心里就感觉有些别扭。尤其是"爸妈"二字,更是能免则免。这种害羞又强硬的态度,很难让丈夫家里的长辈们把你当成自己的孩子一般心疼。

一些独立的职业女性,可能对此不以为然,她们认为,自己也辛苦赚钱养家,实在没有讨好任何人的必要。其实这种世故是我们生活的润滑剂,你可以这样想一下:一个人的力量,再强也是有限,尤其是当我们的生活出现一些意外的变故时——比如,生病、失业、老公花心等,身边的人是帮自己还是打击自己,结果会有多大的不同?

电影圈"唯一的也是永远"的美女林青霞嫁为商人妇之后,在一次访谈中,她非常坦诚地表示:

"结婚初期,真有点适应困难。以前拍电影的时候,所有人的注意力都放在我身上,都在看我的反应,结了婚之后,我变成了配角,要看老公的脸色和老公家人的脸色,还有佣人的脸色。你问我委不委屈?委屈啊!但从另一方面看,我又得到了许多,有得有失嘛,身份不同,便要提醒自己,甚至要把自己也忘掉。"

无论对于谁,生活都是现实的,处于什么样的位置,就要演好哪一种角色。好命的女人,首先获得了大家的关心和支持,人都是有感情的,在愉快的气氛下,我们的工作和生活都会顺利得多。学会圆通的处世方式,给身边的每个人以尊重和热情,你很快就能和大家融为一体,你会发现这比为固执己见而孤军奋战有趣得多。

命运私语

女人如果不会“做人”，再高的学历和专业水准，都可能被你浪费掉。暂时委屈自己一点点，学得“谦逊”一些，“热情”一些，你所得到的东西将远远大于你的付出。

摆脱不切实际的幻想，接受现实的一切

如果说男人都是现实主义的，那么女人都是浪漫主义的，即使已经有了一定社会阅历的女人，明明知道自己周围不可能永远是一个祥和美丽的玫瑰花园，却很难忍受来自外界的冲撞和打击。

很多时候，女人们缺少一种对抗人生困局的弹性和韧性，许多本来可以成就自己的大好机会，被她们过于清高和自傲的处世方式搅得一塌糊涂。

徐宁是一家大型企业的高级职员，无论是业务能力，还是外貌人品，在公司都是出类拔萃的。

不久前，公司总部提拔了一个资历、能力、业绩都不如徐宁的女职员。徐宁对此十分愤怒，因为这个女人和公司一位副总关系不一般，她总是受到额外的关照，诸如加薪、外派等好机会她都能轻易得到。徐宁看着不如自己的同事，在短时间内被连续提拔数次，而上司对自己的业绩却视而不见，就跑到总经理的办公室去讨说法。

总经理对徐宁所说的问题也有耳闻，但是以大局出发，没有为了某一位员工而去责难自己副手的道理。于是他不痛不痒地安抚了徐宁几句，徐宁却不肯就此罢休，讲起道理来，满走廊的人都能听到，总经理被她追问得狼狈不堪，于是愤怒之下把她狠狠地教训了一番。

这件事之后，徐宁的情绪很受打击，工作也懒洋洋地提不起精

神。反倒是那个刚刚被提拔的女同事，意气风发，干劲十足，和一蹶不振的徐宁形成鲜明的对比。

徐宁的失败，就在于她做人不够“成熟”和“老练”，总是下意识地期望现实世界也是清洁美丽，没有一点暧昧的。在她看来，“好处”只能和“贡献”挂钩，如果看到一些不平事，就无法控制自己的情绪。

而好命的女人，首先要有一个正确的处世态度，动不动就摆出一副浑身带刺的样子，只能让人更加戒备和防范，好东西是到不了自己手里的。对于女人来说，没有任何东西比主观的态度更能影响你的生活。认识到社会的复杂性和多面化，以平和的心态接受身边的一切，才能避免一些不必要的麻烦，从而更好地控制自己的命运走向。

我们可以发现，那些成功的女性，其性格情绪都是非常鲜明而稳定的。她们会以足够的耐心和女性特有的温柔，为自己争取最合理的待遇与最合适的位置。

很多人喜欢把我们生存的社会称为“江湖”，这种叫法其实有它的道理。一个人既然在“江湖”上行走，就要对可能发生的一切做好心理准备。地球不会只围绕着某一个人转，有一点点不公，有一点点暧昧，有一点点没道理，倒是人生的常态。在生活中，我们会遇到很多不合理的事情，也会遇到很多让你无法接受的人，你可以不喜欢他们的为人，不喜欢他们做事的风格，但是我们无法去改变别人，与其非常愤怒地大声指责别人的行为，不如怀着理解的心态给对方一个微笑。风水轮流转，好运最终属于能够沉得住气的人。

如果你对于理想与现实的反差实在难以接受，那么，试着把看问题的立足点变一下，不要光想着自己的感受，还要看到比这更重要的东西，比如，长远的得失、长久的关系等。有了这种思想，对情绪就有了自控力，即使受到刺激，也可以不急不恼，不会无端地乱了步调。

人在江湖，就要拿出江湖人的气概来，那种动辄很伤心、被得罪的小女人的情态，还是收敛一些为好。有些女人感情太脆弱，自尊心太强，只要前进一受阻，她们就感到羞辱气恼，要么与人争吵，要么拂袖而去，不再回头。但是发泄之后，又能得到些什么呢？做一个眼里不揉沙子的人，你会为维护自己的公正与原则而伤透脑筋、费尽心思；而且你的不讲情面的正直作风往往会疏远你和周围人之间的关系，使他们对你敬而远之。

好命的女人，应该很早就清晰地掂量出自己与现实之间的关系，对于自己无法改变的东西，就改变自己的心态去坦然接受它，然后外界的世界才会对你露出微笑，还你一个从容的人生。

命运私语

女人的好命是要靠自己去创造、去争取的，但是要记住这个“争取”是心态平和、面带微笑的柔性竞争，越是急赤白脸地吵闹，你想要的东西就离你越远。

追求金钱与保障，并不是一件可耻的事情

如果我们去问每一个女人，在生活中什么东西是最重要的，答案可能是五花八门，事业、爱情、美貌、健康等，都值得女人花尽心思去追求。而那些见惯了生活波澜的睿智的女人，却已经把一切都总结为一个“钱”字，“有啥别有病，没啥别没钱”，本是一句大白话，却也包含了许多实实在在的道理。

其实，只要你肯认真观察一下周围的人和事物，静下心来思考一下，就会发现在现实中金钱不只是流通的工具，同时它还代表着女人的自由和保障。我们所追求的种种美好的东西，金钱都是它们的轴心。

事业对现代女性的重要性无须多言，可对大多数女人来说，所拥有的也只是一份谋生的职业罢了，待遇的好坏，薪水的多少，至今依然是衡量一个职业优劣的通行标准。美貌与健康，更是需要良好的生活环境去滋养，一个有心情和闲暇去锻炼，有足够的经济支持去打扮的女人，是不会丑陋憔悴的。爱情与金钱孰轻孰重且不说，但你必须承认一个女人所处的阶层和圈子，将决定她所遇到的男人的等级。贫穷的男人也不是没有优秀的，但如果一直贫穷下去，他的能力与进取心就不能不受到质疑。而女人们喜欢的浪漫情调，更是需要以金钱为底子才秀得开。女人 20 岁的时候，男孩子把汽水罐的拉环当作戒指，套在她的无名指上，她或者还会为这份情意感动；到了 30 岁，如果仍然收到这样的礼物，就有些可笑

与心酸了。

通常,女人都是有很多梦想的,在金钱、事业、人际关系、家庭生活等诸多方面,都给自己设定了大大小小的目标。但是体验到实现理想的艰难,受了生活打击之后,她们的兴奋度就会冷却下来。茫然无措,不知自己该向哪一个方面努力。

希望自己一生好命的女人要记住,为赚钱而奋斗是理所当然的事,在这个历程里,我们应该毫不犹疑,不为外界的任何干扰所动。不必担心你会因此损失了什么,当你实现了自己赚钱目标的时候,诸如事业与爱情、平安与幸福等理想也会随之跟进。

燕子出生在大西北的一个穷山村,20 岁的时候,她到浙江去打工,在一家生产电子玩具厂的包装车间工作。她们的宿舍里住了 8 个女人,都是来自各地的打工妹。虽然大家都不富裕,可相比之下更贫穷、更没见过世面的燕子还是受到了歧视。休息日,大伙儿一起上街玩,也没有人愿意与燕子走在一起。

燕子虽然在贫穷的家庭中长大,但她拥有和有钱人一样的智慧头脑。一开始她口袋里没有钱,她就一角一角算计着花,所以每个月都有些盈余。年轻的女人控制不了自己钱包的现象很普遍,有些女人,总是等不到发薪水的时候,就囊中羞涩了,她们看到燕子有钱,就迫不及待地向她借。

燕子就借钱给她们,用人家的手短,渐渐地大家看燕子的目光就有些不同。两年后,燕子已经攒下了一笔钱,于是她辞掉了工作,在离厂房不远的一个街口租房子开了一间小小的花店。凭着年轻女人特有的细心与热情,她把生意经营得很不错。又过了一年,当初的姐妹们从燕子的店铺前经过时,发现她新进了很多名贵的花草,并雇了一个刚从职业学校毕业的小男孩跑街,正式当起了小老板。大家对燕子的改变惊羡不已,常有人去她那里讨教赚钱的秘密。

金钱不仅仅可以使你获得尊严，还可以使你获得你想得到的很多东西，这些东西都和金钱有关系。有了金钱，你就拥有了大家羡慕的生活方式，有了大家对你的恭维和仰慕；你还有了发言的权力，在今天，金钱已经是你成功的标志和衡量人生价值的重要标准。

喜欢金钱并且能靠自己的能力赚钱的女人，也许是庸人，却是有保障的、幸福的庸人；一向鄙视金钱，对于赚钱也毫无办法的女人，也许是雅人，却是辛酸困苦的雅人。比较之下，女人应该知道自己要往哪里走了。

那些好命的女人，都是忠于现实，始终对自己的未来持有野心的人，因此，她们能踏实地走好自己的每一步。知道自己从什么地方来，应该到什么地方去，从不会在自己的人生旅途上迷失自我。

命运私语

女人们在学生时代，大多受到父母亲友的资助，对赚钱的辛苦和金钱的意义没有确切的了解。但当她们独立后，金钱的现实价值和作用却不可小视。

不要过于清高，现实需要脚踏实地

女人爱做梦，即使是每天守着灶台的灰姑娘，也期待着自己能够穿上华美的衣裙，成为晚会上最漂亮的女人。

幸福的女人，要有“好命”的意识，要有过好日子的梦想，这当然没有错，只是我们要明白，有什么样的人生目标，将决定我们行走的方向，而能否脚踏实地地去努力，则决定着我们的进程。对于自己的前途，女人首先要明确的是你要的是花还是果子，是“看起来很美”的表面风光还是能够握在手心里的实惠。

郑明明出生于印度尼西亚外交官之家，接触的大多是东西方的社会名流。长大后，父亲送郑明明留学日本，这对她来说是一个学习知识、开阔眼界的大好机会。但她没有学习政治、法律一类的课程，而是选择了自己喜爱的美容美发专业，这在当时的华人眼里，是一项不入流的行当。

1964年，她在日本的学业期满。为了能够继续深造并能自力更生，她独自一人跑到香港，在一家美容院找了一份工作，从一个富家小姐变成了一个普通的打工妹。她到美容院工作的目的是练习技艺，然而，师傅每天除了让她做些洗衣做饭的杂工之外，根本不传授她所需要的知识。

经过苦苦思索，她想到自己其实已经掌握了一定的美容美发手艺，只不过一直没有机会亲自去实践。随后，她决定开一间发廊，自己当师傅。她与一个印度尼西亚的华侨合伙，在九龙租了一个小门面，雇了几个小工，开了一间叫作"蒙妮坦"的发廊。

白天，郑明明在店铺的前面做美容，晚上就到后面休息，只要能够节省时间，掌握更多的技艺，再苦的条件她也不怕，渐渐地，发廊有了固定的客户，郑明明站稳了脚跟。

1967年，郑明明的合伙人将自己的70%股份让给了她，从此郑明明成了"蒙妮坦"的唯一管理者，并将收徒弟的小项目变成大规模的招生。

8年时间过去了，郑明明终于研制出一系列的化妆品，销售市场遍及东南亚、欧洲以及世界各国。1994年，郑明明被世界权威美容组织IPCA授予"国际美容教母"的称号，她还被推选为世界最具权威性的美容机构斯佳美容协会东南亚区主席。

在一般人看来，郑明明应该去学习政治、法律课程，以后做一名政府官员或律师，也是顺理成章的事儿。如果这是真的，世界上就会多一个普通的公务人员，而没有她后面日益壮大的美容事业。是的，我们普遍认为女人做公务员或者搞学术、搞艺术，都是比较平稳和高贵的事情，从目前的社会状况来看，这也是实际的实况。但是这其中的关键问题是：这一行能不能顺利地接纳你？你适不适合干这一行？在我们身边，就有不少的女人被那表面的风光蒙住了眼睛，她们宁可在某个国家机构做勤杂、在某家大公司挨白眼，也不愿像路边卖水果的女人一样，走自己的路，经营自己的人生。其实任何一个行业的高低贵贱都是虚的，如果某一种工作可以使你活得很从容，那么不要犹豫了适合的就是最好的。

如果女人们都能有这种在平凡中求伟大的品性，那么离成功也就不远了。要知道，在整个社会中，除了一些特殊的人从事特定的工作之外，一般人的工作都是很平凡的。虽然是平凡的工作，但只要努力去做，和周围的人配合好，依然可以做出不平凡的成绩。

你如果想在社会上走出一条路来，那么就要放下清高，也就是放下你的学历、放下你的家庭背景、放下你的身份，让自己回归到“普通人中”，走你认为值得走的路。

生活中那些自命清高、不屑从低层做起的女人，永远都无法完成自己的原始积累。等到忽然有一天，她看见比自己起步晚的，比自己天资差的人，都有了可观的收获，她才意识到在自己这片园地上还是一无所有。这时她才明白，不是上天没有给她理想或志愿，而是她一心只等待丰收，却忘了播种。

在女人还默默无闻不被人重视的时候，不妨试着暂时降低一下自己的物质目标、经济利益或事业野心，脚踏实地，做好一个普通人的普通事，这样你的视野将更广阔，或许会发现许多意想不到的机会。

命运私语

任何一个行业的高低贵贱都是虚的，如果某一种工作可以使你活得很从容，那么不要犹豫，适合的就是最好的。

不逃避艰辛，但不应被艰辛吞没

很多女人都知道安逸享乐会使人精神萎靡，失去进取的勇气，却不知日复一日的艰辛生活同样会消磨人的灵性，使你对自己的现实状态和未来的方向缺乏必要的认识。

很多女人，即使对自己目前的境况不甚满意，也希望拥有更适合她的终生事业，却从来没有考虑过自己应该向何处走，也不知道应当如何对自己进行定位。假如让她必须作出一番决定，她也茫然不知所措。

世间许多的沉沦，都是由对客观境遇妥协所造成的，都是由不愿努力、不肯奋斗所造成的。

当你坚定意志，要在世界上显出你的真面目，要一往无前地朝着“成功”“富裕”之路迈进，而世界上没有一件东西，可以推翻你的这种决心时，你会发现，从这自尊心与自信心中，你可以获得无穷的力量。

“时装女王”夏奈尔的童年十分不幸。她出生于法国一个贫困的家庭，夏奈尔 12 岁时，母亲因病去世，追求享乐的父亲把她丢给一家修女主办的孤儿院后就离家出走了。

青年时期的夏奈尔，为了摆脱人生的境遇和贫穷的生活，她勇于直面现实，坚强地面对生活的挑战，从事着她热爱的服装事业，每晚睡觉前，她总是把心爱的剪刀放在床头柜上。

1910 年，夏奈尔遇到了她生命中最重要的男人鲍伊，他关心夏奈尔的想法并培养了她的个性。在他的资助下，夏奈尔开设了“女帽”店，她不平凡的一生也是从这时开始的。由于她设计的女帽简洁、大方、雅致，受到了女性的青睐，她的生意很快就火了起来。一年后，夏奈尔设计的女帽上了《时装杂志》。夏奈尔的名声在巴黎兴起，她走入了巴黎的上流社会。

就在夏奈尔的人生刚刚有了起色时，不幸再一次降临在她身上，她的恩人鲍伊突然死于车祸。对于一个年轻女人来说，没有了爱人，没有了精神支柱，这该是人生多么大的不幸啊！但是夏奈尔忍着巨大的伤悲，勇敢地站起来。她发誓，要凭借自己的智慧，来创造人生的辉煌。

1913 年，夏奈尔在法国上流社会的度假胜地杜维尔，开设了一家时装店，并推出了造型简单、款式合体、舒适又飘逸的针织羊毛运动衫。此款运动衫一出，立刻在服装界引起轰动。不久，眼光长远的夏奈尔把时装店扩大成服装公司，开始大批地生产她设计的服装。几年后，夏奈尔终于登上了时装界的制高点，由她设计的时装深深地迷住了那个时代的人们。

夏奈尔以女性的智慧，改变了自己的命运。正如她自己所说：“我从不为处境而烦忧，我就乐意驱散它们。”

女人有几种坚强的品质，都是与“贫穷”“困境”势不两立、水火不容的。自恃与自立，是坚强品格的基石。我们常能发现，在那些虽然贫穷、不幸，但仍然努力奋斗的女人中间，这些品格都非常发达。但是一个因失掉了勇气、失掉了自信，或因懒得去努力奋斗而贫穷的女人，却没有这种坚强的品格。同那些在不断的努力中锻炼了精神、道德的女人相比，这种人只是弱者。

最足以损害女人的能力、破坏女人前途的，无过于以不幸的环境为理由，而不想去挣脱它。因为自己不能像成功人士一样地生活，不能享受成功人士所得的幸福，所以处于困境中的女人往往心灰意冷、不想奋斗。女人的生活是好还是坏，全因自己的思维方式而定，这是一条不变的法则。你认为成功的可能性大，则大；你认为成功的可能性小，则小。艰辛的生活不是哪个人永远的重负，我们应该只把它当成一种过程，时刻都准备着从艰难之中穿越出去，享受战胜自己的喜悦。

无论遭受了多少苦难和挫折，女人都不能丢掉前进的勇气。越是在困境中的女人，越应当努力完成对自己人生的长远设计和规划。否则，等到你在苦难中麻木，一天天适应了苦难，并习惯了在困苦之中打打小算盘，省一点小钱，享受一点感官上的小快乐的时候，今生就彻底失去了自救的能力。

逆水行舟，也许是一个很困难的过程，你经常会失败，经常会失望，经常处于痛苦和沮丧之中。但这却是一个自我改造的过程，在这个过程中，女人的能力不断地提升，眼界不断地扩大，周围的人物也会越来越有分量，慢慢地，我们的人生就会提高到一个新的层次。

命运私语

被艰辛的生活吞没，意味着你不但向打击和挫折投降，并且一点点习惯了这种灰色的日子。“苦中作乐”的态度代表着对命运的妥协，女人如果太早地失去冲劲儿，就等于失去了自救的能力。

量入为出，享受有节制的快乐

我们上一代的女人，大都拥有勤俭的美德，在没有多少钱的情况下，依然有营造出一份安乐生活的本事。如今女性的地位提高了，收入增加了，却也养成了眼空心大的毛病，20几岁的女人，有相当一部分人成了挣多少花多少的“月光女神”。

女人的虚荣心是可怕的，比衣服，比包包，比化妆品，比珠宝首饰，哪一点被周围的小姐妹落下了，不惜血本也要找回来。当薪水升高时，生活的追求也越来越高，房子要住更大点的，车子要开更高级的，孩子要上昂贵的双语幼儿园，旅游要去国外的度假胜地……看起来生活质量越来越好，实际上已经被账单套牢，向前走一时还进不了真正富人的行列，退一步又被已经水涨船高的生存标准惯坏了脾胃，只能继续被生活拖着走。

如果有足够的财力，当然应该选择“高质量”的生活，但对于目前还要靠工资生活的女人来说，消费层次应该与收入水平相匹配。那种“心无杂念享受当下”的生活态度看起来挺现代，其实却隐藏着深层的危机：时光如逝水，即便你今天还算年轻，但还有多少时光可供挥霍？

在生活方式上，女人最应该牢记的一句话是：收入高于支出永远是远离烦恼的最简单秘诀。

著名的成功学大师卡耐基，在当年一小时只挣5美分的艰苦环境里，仍然可以计划消费，让自己的生活稍有盈余。所以，能否打理好自己的收入,和它的丰厚与否没有必然的联系,关键在于一个人对金钱的看法、对生活的态度。

无论在什么情况下,消费的时候都不能倾其所有。女人幸福的一大敌人就是贫穷,它会破坏女人的安定生活。现代社会节奏快、变数多,你今天的高薪高职不等于没有转岗和失业的危机,今天精力充沛、身体健康不等于你永远可以保持这种状态。作为一个日后持家的女人,还要考虑老人或者孩子需要自己照料,谁也想不到哪一天会有哪些意料之外的窟窿等着自己去堵。那些饱经沧桑的老人们,常常会提醒后辈留一点"过河钱",正活得意气风发的女人或者会以为这种观念有些落伍,但是等到自己真的面临考验时,才会为自己两手空空而后悔不迭。

平日里,在自己的收入之内有计划地消费,可以使女人的生活趋于合理。一般来说,若每年都在银行积存薪金的话,已算是一个不错的开始。这样,即使疾病、失业等灾难找不到自己头上,在我们想转换工作环境、进修或者创业时,手中有一笔钱,心里也会很踏实。

世界级大富豪索罗斯拥有上百亿美元的财富,然而他最大的爱好是读书,他喜欢研究波普的哲学,过着非常简朴的生活。他将自己大量的财产捐给慈善事业,远离了穷奢极欲的"上流社会"的生活。

有人问索罗斯:"你为什么不放开自己去快活一次?"他说:"我每天都很快活。"在他眼里,那种短暂的快活不是真正的快活。

在一般人看来,女人自由自在的生活很快乐。但事实上,她们的快乐往往不能维持太久,因为当她们感到精力疲惫,知识落伍,职业优势被更年轻的人替代的时候,她们会发现自己其实一无所有。

无论什么样的社会环境，总会有主流精英与贫弱人群的分化，这里面除了少数含着金汤匙出生的少爷小姐，一个人一生的命运主要来自于他对生活的态度。依赖性强，意志不坚定是女人的普遍弱点，面对物质的诱惑时，她们往往把握不住自己。虚荣的心理、散漫的态度、奢侈的习惯，都是摧残女人命运的杀手，它们会让你在不知不觉中，坠入穷困潦倒的陷阱里。

相反，那些在年轻时目光就已经看到未来的女人，一步一步走得非常稳妥。等到年华渐去之时，她们已经把自己的生活安排好了，此时回头再看那些年轻的、为生计奔忙的女人，心头就会有一种成功者的从容。这种心情会使她们性情开朗，为人热情宽厚，这无论对自己还是身边的人都是一种福气。

命运私语

年轻的女人缺少成熟女性冷静的头脑和算计的心思，对口袋里有多少钱没有准数，花起钱来大手大脚的习惯往往使她们在关键时刻囊中羞涩。

Chapter 2

20 几岁心理越成熟，越能把握人生幸福

20几岁的女人更容易受消极的心理暗示的影响，当有些事情自己无能为力或难以改变时，就把它归结为命运，不思进取，不敢尝试，心甘情愿地囚禁在命运的魔咒里。

好命的女人，也会有陷于困苦之中的时候，但她们不会被这个临时性的身份同化，在她们心里，“过好生活”的态度不会有丝毫动摇。正是因为这一份信心，使她们拥有了一种可以改变现实的神奇力量。

成功不是靠运气，女人的命运自己掌控

在五光十色的现代生活中，似乎每一天都充满了传奇。某个女人通过选秀节目一夜成名，出演了一部大制作的电视剧，成为炙手可热的新星；某个女人仗着有三分姿色，终于钓了一个“金龟婿”，做她的富家太太去了；某个女人买汽水的时候捎带着买了一张福利彩票，谁知却中了500万的大奖，连亲戚朋友都跟着沾了光。这些故事，听起来让人眼热心跳，恨不得这种好运气，明天都降临在自己头上。

事实上，这却是一种非常危险的想法。

如果一个女人把命运寄希望于“意外”而非“努力”，这往往让她与好命无缘。因为这样的女人在面临可以改变人生的机会时，往往只会看到它金光闪闪的一面而忽略了其中可能存在的问题。比如，她们可能会把自己的青春、名誉都押在某一个人、某一件事情上，而忽略了对自己资历的积累和能力的锻炼，一旦外面的力量靠不住，就会败得很难看。还有些女人有欲望而没胆子，她们会找一些“碰运气”的途径来满足这种心理需要，如买彩票、赌博等。尽管这些途径成功的概率非常小，但只要有一丝机会，她们都愿意去尝试。到头来，许多大好时光就在一次次希望、等待、失落中消耗掉，但是除了长了年纪、多了皱纹之外，她们什么也没等到。

如果你梦想着有一个美好的未来，就要像一个真正的成功者那样去生活，通过自己的辛勤耕耘收获的果实，才可以放心踏实地

享受。

李素素出生在一个偏远的小镇，一直到上大学，才真正看到了大城市的繁华。从大二开始，班上就有一些女人和校外有钱的男性来往，因为有人资助，她们穿的衣服、用的物品，都是很贵重和流行的东西，她们自己很得意，也有很多人羡慕她们。李素素天资聪颖，成绩优秀，很受老师们的喜欢。一位老师怕这个聪明漂亮的女人也随波逐流走向一条平庸之路，就告诫她说："生活中的诱惑是很多的，如果你分辨不出什么是正确的，什么是错误的，那么就可以设想一下，如果你这么做，十年之后是什么样子，就知道自己的方向了。"

老师的话让李素素一下子警醒起来，她把自己的时间都用在了学业和一些积极的社团活动上，不久后成了一位优秀的学生干部。快毕业的时候，李素素向老师说自己准备考取奖学金出国留学。老师肯定了她的想法，又提醒她说："为了获得你所希望得到的东西，首先，你要学会放弃很多东西。到国外去，你可能会有一段时间感到孤单、寂寞，在学习交流上会遇到障碍，生活不习惯，种族歧视的问题也时有发生，需要有很大的决心和毅力才能坚持下来。这些你都要有思想准备。"现在的李素素，已经完全没有刚入学时的迷惘，她愉快而坚定地告诉老师："如果能够在不好的环境中找到学习的机会，我想我依然是幸运的，因为每一天我都在提高。"

4 年之后，当李素素学成归来，成为一家跨国公司的高级职员时，她当年那些风光一时的女同学，要么嫁了一个各方面条件都差强人意的丈夫过着不咸不淡的日子，要么已经变成了一个无所事事的怨妇，把时间都用在诅咒比自己更年轻的女人上。

我们每个人的生活道路都是不同的，在学业上的成就显然不是女人唯一的追求。但是无论世事怎么变，总有一些核心的东西是不变的，不管是求学、打工还是自己做事业、经营自己的小家庭，如果一个女人尊贵的位置是靠自己的双手挣来的，那么这种运气对于她就十分牢固，没有谁可以轻易将其拿走。相反，如果一个女人的成功是依靠外力的推动，那么她就不是自己的主人，她的运气始终都是一个美丽的肥皂泡。

静下心来，好好想一想自己真正想要的东西是什么吧！然后我们才不会放任自己去走弯路。在这个世界上，绝对不会有不劳而获的事情，所以，在选择前，一定先要考虑清楚自己必须付出的代价。

女人可以容忍自己暂时落在别人后面，而坚持到最后的成功才是真正的成功。即使现在的你因为外貌和实力不足而被周围的人所忽视，你也不必放在心上，因为这些都是可以改变的。女人青春短暂，而智慧却是长久的，可以信赖的。

不论你现在正处在怎样的环境和位置，"过好生活"的态度都不要有丝毫动摇。只有以现实为依靠，女人才不会放弃这个梦想，也只有拥有梦想，才能让现实生活变得有弹性和活力。如果期待美好的生活，那就立刻在心里勾画出自己想要的未来，让自己的行动，一直围绕着自己的梦想努力。

命运私语

从小到大，如果女人在自己的人生路上能更多地做主，按照自己的意愿做出的事多数是正确的，那么，她已经具有主宰未来人生运势的力量和资本。

你的心理暗示，会诱导你的运气

旧时的女性，差不多一辈子都在心甘情愿地为别人付出，丈夫、孩子、卧室、灶台，就是她们的全部生活。这里，有社会环境的影响和压力，女性自己也认可了这样的命运，她们的想法是：生为女人，就是这样的命，除了这些，我还能干什么呢？

现代社会的环境和条件，给了女人空前的机会，可惜的是，一些女人在一个自由的世界中，依然有一颗陈旧的、怯懦的心灵。

有一位护士，大专毕业，在一家大医院工作，形象、气质、修养都挺好，追求她的男孩很多，其中不乏优秀者，对此她一概拒之门外。后来，她不顾家人和朋友的劝阻，找了一个各方面都不强的丈夫。熟悉她的人对此都很不理解。他们婚后的生活很不幸福，夫妻间没有共同语言，丈夫修养差，动不动还打她。她整日以泪洗面，一年后伤心地离了婚。

她本可以避免这场注定没有好结果的婚姻。为什么她执意要选择一个糟糕的男人呢？其根本原因是她对自己的外貌很不自信。

小时候，她在一个北方的小镇长大，在周围人的眼里，浓眉大眼、体态丰满的女人才是漂亮的，她的纤巧清秀一向没人欣赏，慢慢地，她就真的认为自己长得丑。如果别人说她漂亮，她就认为别人是在说反话，嘲笑她。在这种心理压力下，她认为优秀的男孩、好的机会根本没有自己的份儿，人生之路也就越走越窄了。

谁希望不幸降临到自己头上呢？但是，仔细观察那些生活不幸的女人，很轻易地会发现她们都是自己选择了不幸。

因为对自己的容貌、能力和前途没有信心，她们对于自己向往的东西，不敢去争取，对于自己不满意的东西，总是一再忍耐。

一见到熟悉的人，她就开始叹息自己既没有男人缘也没有事业运，久而久之，朋友们渐渐疏远她。一天又一天，她无精打采地面对生活，自然也就得不到好的回报。

好运气从来只青睐将满腔热情投入到生活中的人，从消极的心理暗示中丢掉的东西，女人可以通过积极的心理暗示找回来。

一场大水冲垮了一个女人家的泥房子，家具和衣物也都被卷走了。洪水退去后，她坐在一堆木料上哭了起来，为什么她这么不幸？以后该住在哪儿呢？城里的表姐带了东西来看她，她又忍不住跟表姐哭诉了一番，没想到表姐非但没有安慰她，还斥责起她来："有什么好伤心的？泥房子本来就不结实，你先租个房子住段时间，再盖间砖瓦房不就好了！再说你够幸运的了，幸好来的是洪水，不是地震，不然的话，你还有命吗？"

不幸的女人，从来只看到自己的不幸，却不问自己得到了什么，只看自己失去了多少，结果情况越来越糟糕，心情越来越低落。而打破这种"不幸"的咒语，要先卸下心理的包袱，变得成熟稳重，像周围人一样去承担自己的责任，投身到自己热爱的生活中去。不要总提醒自己遇到的不幸，要知道在这个世界上有很多人比你还不幸，只要能够抬头看到阳光就是幸运的，那些生活中的挫折比起一个人的人生只不过是一个再小不过的插曲。痛苦与快乐的生活都是我们选择的，为什么要让自己沉溺在痛苦中呢？

其实在我们身边，就有这样一类女人，她们一开始，只是站在很低的台阶上，仰望别人的好运气，但她们并没有因此气馁，外面的精彩世界，反而成了她们打拼的动力。虽然也有遇到挫折想放弃的时候，可是一想到自己一直所向往的生活，就又勇敢起来。

信心是一种心理状态，如果通过反复不断的确认，你相信自己会得到想要的东西，然后传递到潜意识思维里，它就会带来成功。如果你认为自己魅力十足、人见人爱，你的眼睛就会散发出迷人的光彩，行动更优美，语言更富有感染力，像磁力一样吸引着身边的人；如果你认为自己有能力承担一切，面对波折阻碍时，你的心里就是明亮的，不会被灰暗的情绪所干扰，不会轻易动摇。只要你努力了，社会一定会给你以公平的回报，不要报怨生活，否则，只能证明你没有真正去努力。事情再难办，只要我们一点一点朝好的方向努力，总有一天会叩响幸运之门。

命运私语

积极的心理暗示是女人好命不可忽视的内在力量，那些怀疑自己外貌、能力的女人，总是低着头。而心里充满自信的女人，很容易冲到幸福的前排。

女人是上帝咬过的苹果，对缺陷不必太在意

人们描述一个男性的时候，强调的是他的地位，描述一个女人的时候，强调的是她的容貌。尽管这有些不公平，却也是一种难以改变的现实。容貌是女人在社会上生存的重要资源之一，这也不怪女人们大都将容貌当成自己的第二生命。

由于标准太严，要求太高，女人们对于自己的容貌，很少有完全满意的时候，一些看来已经千娇百媚的明星，也不惜一次次整容，拿手术刀在自己的身体上作画。平常的女人就更不用说了，每天早晨站在镜子前，不用问魔镜，也知道自己不是天下最美的女人。皮肤不够细滑，眼睛不够大，鼻子不够挺，身材不是太高就是太矮，体态不是太胖就是太瘦，总之，是造化弄人，缺陷总是太明显。

照照镜子，对不满意的地方皱皱眉，耸耸肩，然后注意力就转移到自己正在做的事情上，这不失为一种健康的态度。如果总是对缺憾之处耿耿于怀，就会破坏我们的快乐生活。容貌与生俱来，从呱呱坠地便成定局。对于先天已经注定的东西，我们应当自然地接受它们，尽可能地让自己喜欢它们。

也许外貌条件并不能使你尽失美丽，但沮丧则会使你失去更多的魅力。女性之美是由多方面的因素构成的，而自信是其中极为关键的一点。

“喷得出火焰的性感女神”玛丽莲·梦露在当时的美国乃至

世界都开创了一个“MM”(玛丽莲·梦露)时代,她是每个男子梦寐以求的“该死的女人”、每个女人的模仿对象。

提起梦露的性感魅力,很多人会想到她的花容月貌以及性感身材,仿佛她的一切都完美无缺。其实这里有不少误解,梦露的先天条件并不是十分完美的。她的身高只有1.62米,体型有些胖,腿也有些短,只有胸部比较丰满。梦露有着清醒的头脑,深知自己形貌上的优点和缺憾。她有着点金术般的秘密武器,能让自己的独特气质自然地表现出来。她舒展大方的动作,洋溢着一种活力,给人一种神奇的魅力,她那愉快的表情和朗朗的笑声极富感染力。她认为:美不是人工的产物,只有天然和自发的美,才具有吸引力。

当人们被一个女人自信的魅力所感召的时候,即使她在外形上还存在着这样或者那样的缺陷,也成了一种独一无二迷人的特征。

这个世界上本来就没有十全十美的人,每一个人在外貌方面,都有着独特的气质和优点,只要学会将自己的优势凸显出来,就会成为自己的亮点,自然有一份独特的吸引力。

著名的模特儿吕燕,按照中国人传统的审美观点来看,她并不是一个美女:小眼睛、大颧骨、塌鼻梁、厚嘴唇、满脸雀斑。少女时代,吕燕对自己的容貌感到自卑,经常弯腰佝背走路,身材又高,给人的感觉是一个驼背的丑女人。在一次偶然的机会,中国顶尖时尚造型师李东田发现了吕燕独特的美,他说:“我第一眼看见她,就有震撼的感觉,她的面孔很少见,特别国际化,不同凡响,尤其她身上透出那种同龄女人少有的自信和坚忍,让人一看就知道这是个supermodel(超级名模)的料。”

吕燕走到了巴黎、米兰、伦敦等国际大舞台上,整个人发生了脱胎换骨的改变,生命的光彩全部焕发出来。曾经的丑小鸭,变成了让人惊艳的东方美女。

女人无法弥补上帝造成的缺憾，却完全有可能将缺憾塑造成自己独一无二的特点，接受它，喜欢它，让缺憾也变成一种美丽。

有了这种态度，现实中许多曾经压迫过我们心灵的包袱也可以解开了：卑微的出身是一种缺憾，却可以使女人体验到更为真实的人生，锻炼自己的能力；亲人的生离死别是一种缺憾，却可以让女人更为珍惜眼下的生活，在平淡之中发现打动人心的真情；缠绕终身的病痛、身体不可逆转的损伤是一种缺憾，但是只要还能看到灿烂的阳光和家人的笑脸，女人就没有理由消沉。只要心灵之中没有残缺和阴影，我们就已经具备好命女人的基本条件。

命运私语

不完美的外貌条件并不能使你尽失美丽，但沮丧却会使你失去更多的魅力。女人要学会将自己的优势凸显出来，打造自己独特的吸引力。

不要过分追求完美，世界本来就不公平

女孩们大都有完美主义的倾向，她们总是下意识地渴望自己的出身、容貌、工作、家庭都达到尽善尽美的境地，那些不尽如人意的地方，就成了她们难以除去的心病。

女人有追求是好事，但总是踮着脚尖生活就会破坏我们对于生活的幸福感和满足感。心理学家告诉女人，追求完美的人大多出于一种自我保护的渴望。每一件事情都想做得完美无缺、无可挑剔的人，并不一定是生活的强者，相反，她们只是想躲在完美这把“保护伞”下，维护自己脆弱的自尊。

小涵上高中的时候，班里从外地转来一位女同学，她的名字叫孔祥春。她的到来，打破了小涵一直以来考第一名的神话，两个女人开始较上了劲儿。

不久后，小涵发现，孔祥春不但成绩好，性格也开朗活泼，学校有什么唱歌、演讲等活动，她总是积极参加，表现都很出色。而且小涵还隐隐听到同学议论，说孔祥春的爸爸就是新调来的孔副市长，是这个城市理所当然的“公主”。想到自己开杂货店的父母，小涵不禁有些伤心，她知道，自己从家庭到个人表现和孔祥春比总是差了一截。于是小涵加倍努力，把时间都用在学习上，功夫不负有心人，高考后，她非常顺利地进入北方一所著名的工科大学的应用化学专业学习。孔祥春发挥却有些失常，只进了一家师范学院的外语系。直到此时，小涵才暗暗地松了一口气。

但是上帝却偏偏爱和世人开玩笑，毕业之后，因为专业太冷门，再加上个人性格的原因，小涵的工作并不好找，最后勉强在一家公司的技术部门做了名小职员，所学的东西用不上，每天只是打杂跑腿而已。孔祥春却是天生的幸运儿，她一毕业，就凭着一口流利的英语和一副出色的形象，当上了省电视台的少儿节目主持人，成为一颗引人注目的新星。同学聚会时，她挽着英俊儒雅的丈夫一起出场，让众多的女同学羡慕不已。

小涵从小就是一个心高气盛的女人，在与孔祥春的对比中，她一次次受到深深的打击，心情非常灰暗。一个偶然的机会，她在电台上听到一个心理辅导的节目，忍不住拨通了电话。听了小涵的倾诉，声音平和悦耳的女主持告诉她："你一直在追求一种虚幻的完美，越是难以达到，越是不懂得放弃。你为什么总是和身边最幸运的人比较呢？今天你已经大学毕业，有稳定的工作，有广阔的前途，年华正好，身体健康，你多年的努力，已经得到了回报啊！"小涵一时无语，突然意识到，孔祥春的阴影，正是自己多年的枷锁，自己单向地比来比去，人家可能只当小涵是一个普通的同学，想一想，真是没有必要。把注意力转移到自己身上之后，小涵发现，可做的事情其实很多，幸福其实一直都在触手可及的地方。

在生活中，有些女人是幸运的，她们小时候在父母无微不至的呵护中长大，成年后又顺理成章地投入新好丈夫的怀抱。即使已人到中年，依然是一副风雨不侵的单纯模样。有些女人，却很早就尝到了生活的艰辛，感情之路也充满波折。这是不是有些不公平呢？是，但这个世界上绝对的公平是不存在的，我们应该做的，就是在已有的基础上盖自己的房子。心平了才能气和，只要女人不放弃朝好的方向努力，那么这种不公平就会逐渐缩小，如果女人做得出色，还有超越自己当初梦想的可能。这时候回头再看，你就会有一种创造命运的满足。

对于那些钻了“完美”和“公平”的牛角尖儿的女人，应当尽快地从那些不切实际的诱惑中摆脱出来。首先，要对自己的能力有个正确的估计。不要拿自己的短处与人竞争，而是要在自己的长处上培养起自尊、自信和生活的兴趣。要重新认识“失败”和“瑕疵”。不必为了一件未做到尽善尽美的事而自怨自艾。没有“瑕疵”的事物是不存在的，盲目地追求一个虚幻的境界只能是徒劳无功。

这个世界太大了，总有一些地方你终其一生都无法到达，总有一些梦想你竭尽全力也不能实现。女人应学着善待自己，放自己一马，毕竟宇宙大千，没有十全十美的事。凡事量力而为，尽己之心，健康平和又知足的生活，才是对自己“第一”的安排。

命运私语

在女人的世界里总有很多不公平存在，即使你的心再善良和执着，现实也不会因此而改变。因此，女人要多学会作出明智的选择。

你无法选择出身，但可以改变命运

一个女人出生在什么样的家庭里，以一个什么样的形象面对这个世界，将要在什么样的条件下开始自己的童年生活，这一切，都是上帝送给她的最初的身份。人生的第一次定位，包含着许多我们无法掌控的因素，而你的最终命运如何，则要靠你后天的努力。

好的出身，只能说是女人获得好命的良好起点，而不是决定性因素。在现实中，历来都有沦落街头、任人欺凌的千金小姐，也不缺乏“飞上枝头变凤凰”的贫家女。有一个很有趣的小实验，生动而准确地表明了出身与命运之间的关系。

在一个夏令营里，组织者给了全体营员一个新奇的概念：三餐吃饭要分成三个等级，上等人只有很少数，中等人占全体营员的三分之一，其余多数是下等人。上等人吃饭是在豪华漂亮的餐厅，那里有高档的设施和美味的菜肴，用刀叉吃西餐。在那里用餐的人都不由自主地显得彬彬有礼，男生像绅士，女生像淑女，言谈举止无不透出良好的修养和不俗的品位。中等人呢，却要拿着托盘自己排队去打饭，属于快餐性质。没有汤喝，只能喝瓶装水，更不要说饭后甜品了。饭后他们还要清洗自己的托盘餐具。下等人就更惨了，大家开始吃饭的时候，他们中的一部分要先侍候上等人，另一部分在餐厅里当服务员，随时把脏了的桌椅抹干净，以保持餐厅的卫生。还有一部分人是给就餐者表演节目，上等人点了什么歌，他们就得唱什么歌。

那么三等人是怎样产生的呢？营会组织者先把全体营员分成了9个小组，第一天，每个小组选派一个代表抽签。笔筒中有一根上等签，两根中等签，其余全是下等签。抽到上等签和中等签的小组，第一天就自然成了上等人和中等人。但是以后就要凭借每个小组当天的表现来决定第二天的身份待遇了。每天晚上，大家都要开大会讨论决定第二天的三等人。想当上等人的小组必须拿出当天他们的成绩和表现作为有力的证据，说明自己配得上当上等人。

营会指导员解释说：第一天凭抽签决定，这意味着每个人的出身都是由不得自己的。但是第一身份远远不是你的终生身份，以后的路还很长，就靠你自己走了。你得凭你自己的能力打天下，改变或者优化你的身份。这时你的社会地位、你的角色改变就是自己基本能够把握的事情了。

在真实的社会中，人也是分等级的，而且当一个人在生活的磨砺中慢慢适应了自己的身份，安心按照这个身份的眼光看问题、做事情时，他已经很难突破身份的局限。女性生来性格柔弱，对抗意识不足，更容易被“下等”生活打造成一个彻头彻尾的“下等人”。也许有很多独立的职业女性对这种说法并不认可，但这并不表明她们心里就没有关于命运的局限。比如，有一个贫苦的农妇，对于城市大商场里那些叫得上名字和叫不上名字的日用品，表示“那些东西，不是我这样一个苦命的女人可以享用的”。城市的女性就会想：“那是很普通的东西啊，做一份平常的工作，拿不多的一份薪水，就完全可以消费得起。”那么，再想一下，那些更高的职位，更多的薪水，更大的房子，更漂亮的衣饰，又是为谁准备的呢？你是不是认为自己能力的发挥已经到了尽头，世界上许多好东西都与自己无缘呢？

对于前途的憧憬、命运的选择，往往就是由于我们的这种畏怯心理，无法得到最好的发挥，成了女人“好命”的障碍。而事实上，对于一心向上的女人，命运的绳子是不可能把她束缚起来的。

中央电视台节目主持人方琼，在台上的表现清新自然，一举一动都落落大方，于是许多人猜测方琼一定是个受过良好教育的大家闺秀，从小就接受了艺术的熏陶。而事实上，方琼在十几岁的时候就失去了父亲。她的妈妈只是一个普通女工，却要供养她和姐姐两个孩子，小时候，她们生活得非常艰苦。长大后，方琼当过兵，从事过幼教工作，做过广告人。在方琼看来，每一次角色的转换，都是一次历练。尽心尽职地做好眼下的工作，随时瞄准更高的台阶，一步一步，方琼终于走到阳光灿烂的今天。

人间有很多不美好的东西，能接下来、撑下去才是本事，若总是把辛酸痛苦之态挂在脸上，也许能换来一些廉价的同情，但对于我们的前途终归于事无补。

女人出生于一个贫寒困窘的环境中不可怕，可怕的是她们习惯了这种生活状态，慢慢失去了改变自己人生的动力。女人应该勇于追求更好的职业、更好的待遇、更平等的关系。“当你伸手去摘星星的时候，也许一颗也摘不到，但至少你不会抓一手泥。”

命运私语

你的过去和现在，都不等于你的未来。世界上种种美好的东西，都是为有进取心的女人准备的。永远不要认为自己的能力已经发挥到了尽头，永远不要屈服于“命定”的社会等级。

没有人能够拯救你，关键时刻只能靠自己

在我们的生命旅程中，常会有陷入各种危机的时候。在困窘之中，女人最容易惊慌失措，强烈希望能有人帮自己一把，最起码的，也要有个强健的臂膀可以依靠一下。小时候，她们会求助于父母、师长，成年后，又会寄希望于爱人、朋友，女人总以为自己永远会从别人不断的帮助中获益。

女性的依赖之心，最容易削弱自己潜在的才能。不要总是依赖别人，把一切希望都寄托在别人身上，而要依靠自己解决问题，因为每个人都有许多自己的事情要做，别人只可能帮你一时却帮不了你一世。所以，靠人不如靠自己，最能依靠的人只能是你自己。

2007 年 4 月 4 日，香港华懋集团主席、亚洲女首富龚如心病逝，享年 70 岁。她的突然离世，对香港乃至全国的地产行业产生了极大的影响。很多行业人士都对她的病逝感到突然，在他们心中，龚如心永远都是年轻的，有“40 岁的外貌，20 岁的心境”。

龚如心的一生都和华懋集团连在一起。1962 年，龚如心和其夫王德辉在香港联手创办了华懋，在他们的苦心经营下，华懋的事业蒸蒸日上，开始向世界级大公司迈进。

1990 年，龚如心的丈夫王德辉被绑架后，就如同石沉大海，从此杳无音讯。丈夫失踪了，然而，夫妻俩苦心经营的华懋集团依旧存在，并且需要一个足智多谋的企业家来管理。物是人非的惨淡

场面，使得龚如心悲恸不已。不过，当伤心欲绝的龚如心看到业绩有所下降的华懋集团时，她就暗暗告诉自己一定要把夫妻俩一手打造的事业发扬光大。于是，龚如心将自己的感情放在一边，鼓起莫大的勇气，开始肩负起管理华懋集团的重任。

面对着大家争执不休的怀疑，龚如心没有替自己作过多的辩解。因为她觉得事实是最好的雄辩，在成绩未出来之前，一切都是徒然的。承受着先生失踪风波的压力和家族财产的纠葛，龚如心依旧兢兢业业，坚守自己的岗位，不久便锋芒毕露，运筹帷幄。几年的经营后，华懋集团非但没有衰败，反而比丈夫王德辉在位时更具有蓬勃发展的朝气，更具有影响力，不由得令人对这位精明能干的女总裁竖起大拇指，同时也给那些曾经怀疑龚如心能力和用心的人以狠狠的反击。

人的一生中，很少有人能一帆风顺地从头走到尾。遇到挫折和打击并不可怕，重要的是当你正遭遇挫折的时候，你在想什么，你在做什么。犹太教牧师古许纳在他的畅销书《好人遭受不幸时》中说："我们必须摆脱那些以过去的痛苦为中心的问题，例如'为什么发生在我身上'之类的问题，改为提出展望将来的问题，例如'既然这件事已经发生，我该怎样应对'?"

女人遭遇困境的时候，就是正在面临命运的分界点。这时候，有的女人整天悲悲切切，用愤怒和抱怨宣泄心中的惶恐。其实这对你的困境没有丝毫帮助，这样做只会使自己的心情越来越糟糕，头脑越来越混乱，从此一败涂地。而另外一些女人，则坚信自己的力量，她们相信生活总会好起来，总有一天自己会走出低谷。当你可以正视困苦的时候，会发现它其实并不像想象中那么可怕，即使是一团乱麻，也总可以慢慢理顺。

一个女人只有在本身的层次逐渐提高，在生活验证了自己力量的时候，才能真正改变自己的命运，并且影响身边人的看法。

世上没有比自立更有价值的东西了。如果你试图不断从别人那里获得帮助，你就难以保有自尊。如果你决定依靠自己，独立自主，你就会变得日益坚强。

女人能够获得外部的帮助只是一时的幸运。如果从长远来看，外部的帮助常常又是祸根，没有经过磨砺的双脚会得软骨病，当他人不能给予自己依靠的时候，无法行走的人只能独自吞下这枚苦果。

女人要记住的是，上天的恩赐不能保证你的好命，别人——即使是你至亲的人的帮助也不能保证你的好命，关键时刻，无论如何都要自己撑起来。

命运私语

女人不要总是依赖别人，把一切希望都寄托在别人身上，而要依靠自己解决问题，因为每个人都有许多自己的事情要做，只可能帮你一时却帮不了你一世。

Chapter 3

有些事 20 几岁不懂，30 几岁就会后悔

很多女人，多年以来对于爱情、家庭、事业等各方面都是全力以赴，也都煞费苦心。然而，大大小小的结果，似乎都不美妙，也不理想。

这不是因为她们的努力不够，而是因为她们的眼光只看到身边一点点大的地方，为忙碌而忙碌，许多人生的关键期，都糊里糊涂地过去了。我们看重过程，也看重结果，抓住生活的重心，才能使你的努力产生与之对应的价值。

女人的价值观是通向幸福的桥梁

有句话叫作“下等人认命，中等人知命，上等人造命”，每个女人会得到怎样的生活和命运，不靠生辰八字，不靠出身背景，种什么样的因，就会结什么样的果。

有很多年轻的女人，努力工作、认真生活，按说应该得到命运的好的回馈，但是她们只是日复一日地奔波劳碌着，从单纯可爱的美少女，慢慢变成了皮肤不再光润，眼睛不再闪亮的中年女性，却依然拿自己的时间和精力换生活，没有属于自己的东西可以牢牢地捧在手心里。

她们的错误在于，眼光只看到身边一点点大的地方，为饥饿而吃饭，为漂亮而穿衣，为了感觉而恋爱，为了薪水而工作。在许多人生的关键期，都糊里糊涂地过去了。

对于一个女人来说，拥有一个聪慧的头脑，看到自己的长远利益而作出正确的选择，才是获得好命的关键。

女人的一生要面临无数次的选择，有一些是小选择，比如，买什么样的衣服，周末到哪里去玩，这样的选择对你的人生不会产生重大影响。但是还有一些选择是相当重要的，比如，做一份什么样的工作，和什么样的人结婚，这些选择很大程度上决定了一个女人的一生，它们都是具有转折性质的关键点，选择好了，一生都会很顺利，选择不好，可能要走许多弯路。

在女人自己挣钱买穿戴的今天，你的事业运其实就是你命运的重要组成部分，事业做得好，即使不能赚大钱，起码可以保证衣食无忧，过上一种安定的生活；在与爱人的关系中，职业女性也从容得多，前进一步可以和他比翼双飞，后退一步可以很好地照顾自己，无须为了生活的理由委屈自己。所以不管怎么说，女人要把事业当成一生的大事来经营，把获得“可持续发展”作为最高目标。

有两个女人，毕业后应聘到同一家公司做行政工作。她们都算是可造之材。两年之后，处理起各种业务已经游刃有余。这时候，第一个女人打听到同行业、同职位的工资水平，要比自己的公司高出两成，于是，她有了些想法。在出色地完成了一个宣传项目之后，她找到上司要求加薪，被以“与公司制度不合”拒绝了。她心里很不服气，私下里找到另一位女人，鼓动她共同跳槽。第二位女人摇摇头，提示她多比较一下不同公司的实力、背景、人员素质、发展空间后再作决定。但是第一位女人决心已定，不顾上司挽留选择了离开。

几年之后，两人再见面时，第一个女人说她如今已经跳了三次槽，现在能拿5000元的月薪。可她并不知道，她走后公司刚好有个外派机会。第二个女人到美国学习培训了半年，回来后素质有了很大的提高，早已被提升为部门经理，年薪达到十多万元。

工作是为了赚钱，这是谁都不能否认的事实。但是，赚钱并不是工作的唯一目的，一个人如果只为薪水而工作，没有更高远的目标，并不是好的人生选择。一个以薪水为个人奋斗目标的女人是无法走出平庸的生活模式的，也从来不会有真正的成就感。虽然工资应该成为工作目的之一，但是从工作中能真正获得的更多的东西却不是装在信封中的钞票。

试着请教那些事业成功的人士，他们在没有优厚金钱的回报下，是否还继续从事自己的工作？大部分人的回答都是：“绝对是！

我不会有丝毫改变，因为我热爱自己的工作。”当你为工作倾注了足够的心力时，金钱的回报只是其中的一种，能力的提高，发展空间的扩大，是隐形的，但也是最有价值的回报。

追求幸福人生的女人，一定都有一个明确的奋斗目标，懂得自己活着是为了什么，因而，她的所有努力，从整体上来说都能围绕一个比较长远的目标进行，她知道自己怎样做是正确的、有用的，否则就是做了无用功，或者浪费了时间和生命。显然，成功者总是那些有目标，并且不会轻易为一时的得失迷了双眼的人。

柔弱的女人，在明确了自己应该走的道路之后，会感到自己心里很踏实，生活得很充实，注意力也会神奇地集中起来，不再被许多繁杂的事所干扰，干什么事都显得成竹在胸，可以最大限度地发挥自己的潜力。

女人幸福的人生，在于懂得什么是对自己最重要的东西。我们要树立起这样的观念，第一，做好自己的事，把工作当成生活的总纲，用它带动起自己的物质生活和感情生活；第二，做事业要做长线，把收益放到一个大的、长远的环境里衡量，先扎下根，再收获它的成果。

命运私语

很多女性之所以不幸，就在于只是随波逐流地过日子，为饥饿而吃饭，为漂亮而穿衣，为了感觉而恋爱，为了薪水而工作。因为人生的方向不明确，许多繁杂的生活琐事，使她们一天天疲于奔命，荒废时光。

女人的善良也有一种策略

做一个好命的女人，要有目标，要独立，要尽力维护自己的利益，然而这一切与善良并不冲突。我们所说的善良不是那种没心没肺，对什么人都毫无保留的傻大姐作风，真正懂得善良的人在具体的事务上对他人宽容，知道为他人着想，不跟他人恶斗。这样，她的朋友会比别人多，机会也会比别人多，善良的女人，会活得很放松、很舒服。

女人要在社会上生存，眼里只有自己的人，绝对不会有幸福和成功的人生。我们要坚持自己的梦想，坚持不懈地为之努力，然后，在能力范围之内，尽可能地去帮助别人。

据说印度圣雄甘地一次到外地办事，上火车时一不小心把一只鞋掉到了路基边上，他想下去拿时火车已慢慢开动了，于是甘地把另一只鞋也迅速脱下来扔到路基边上。别人不解，问他为什么这样做？甘地说："这样别人就能捡到一双能穿的鞋。"听了这话，在场的人都深受感动。甘地之所以深受印度人民的喜爱，就是他的这种胸怀。

人是有感情的动物，很少有以恶劣的态度对待别人的善心的人。"付出总有回报"是世间的真理，以友善的心态对待生活，常常会得到意料之外的收获。这就像你在一片荒地上种树，播下好的种子之后，尽管我们不能保证每一粒种子都发芽开花，但是只要有十分之一的种子长成小树，也是一种非常可观的收获了。在我们熟悉的民间故事里，“善有善报”的典型比比皆是。世上的人数以亿计，能与我们相逢的都是有缘。有时候，结善缘只需一碗水，结恶缘也只需一句话，那么我们何必吝啬自己的一点爱心呢？帮了别人时，他回报了那是意外的欣喜，否则也成全了自己的人格和心灵，绝对是有利而无害的事情。

只是我们要注意，善良更多的时候只是一种爱心，如果只是凭出色的交际手段或者不断的小恩小惠收买人心，结果往往会让你失望。

茉莉是一个大方的女人，由于家庭条件好，单位的很多同事都得到过她的好处。她抽屉里的咖啡和点心，几乎是办公室的公用品，谁有需要都可以自己拿；同事谁的家里有急用，向茉莉借钱她总是大力支持；救助生大病或者遭遇意外灾难的人，茉莉捐款捐物，总是单位的前几名。但奇怪的是，这样一个热情大方的女人，却没有几个真正的朋友。平日里，围在茉莉身边的人很多，但每到关键时刻，她总是显得很孤独。

其中的原因其实还在茉莉自己身上。她思想简单，个性张扬，帮助别人之后，最喜欢在人前表现自己。比如，她经常会说“大家随便啊，这点东西一百年也吃不穷”，或者是“别看他在开会时那副从容自若的样子，向我求助时，不知多尴尬，站了半天都开不了口。”这种话者无意，听者有心，谁喜欢被别人的优越比低了呢？对她敬而远之也是情理之中的事儿了。

用真心去理解别人，比一顿饭、一个小礼物更为重要。人们最看重的，还是别人的认同和理解。真正善良的女人，也许给不了他人多少物质上的帮助，但是她们对人不挑剔、不嫉妒，为别人好的境遇高兴，对他们遭遇的不幸表示同情，能迅速拉近和他人的心理距离。有同事通过自己的努力，考取了一项专业证书，她会说：“你真行啊，那么难考的科目你都过了，真应该请客庆祝一下！”女友穿了一件新款的衣服，她会说：“哟，好漂亮的裙子呀，质地不错，价钱也合适。”有人一时不慎做砸了事情，损失了大笔金钱或者升职的机会，她会说：“出了那么多意外的事，真的不是个人之力可以控制的，不过以你的水平，这一时的困难定然没有什么问题。”

你怎样对待别人，别人就会怎样对待你；你怎样对待生活，生活就会怎样对待你。对人心怀爱心和善念，比付出大量的金钱和物质会有更好的效果。

从天然的性格上，女人的心多是柔弱和善良的。做一个幸福的女人，保持善良的天性没有任何坏处。而那些喜欢贬低或折磨别人的女人，或者可以让人屈服一时，但是没有人会甘心接受这种不平等，即使他没有能力与你面对面决斗，暗中破坏的事儿也避免不了，这也就使你前进的道路上布满荆棘。

做一个善良的女人，即使没有得到立竿见影的回报，我们的这种信念也不能动摇。对别人的善心也算是一种投资，如果不把回报放在心上，说不定好运就会不请自来。

命运私语

一个女人可以没有让旁人惊羡的姿色，也可以忍受“缺金少银”的日子，但离开了善良，却足以让人生搁浅和褪色。女人的善良可以直抒胸臆，更可以包裹上智慧的糖衣，让它具有更甜蜜的效果。

忍耐与努力都是女人必备的能力

中国古代有句话叫作"吃得苦中苦，方为人上人"。在自由和享乐至上的女人群体中，这句话并没有很多粉丝。

但是女人深入地想一下：你决定自己要过什么样的生活的自由从哪里来呢？你所迷恋的美好的物质从哪里来呢？中大奖？继承大笔的遗产？对于大多数女人，这只是一个不切实际的梦。唯一靠得住的，还是我们脚踏实地的努力。

有时某些人看似一夜成名，但是如果你仔细看看他们过去的历史，就知道他们的成功并不是偶然得来的，他们早已投入无数心血，打好坚固的基础了。

你知道石匠是怎么敲开一块大石头的吗？

石匠所拥有的工具只不过是一个小铁锤和一把小凿子，可是这块大石头却硬得很。当他举起锤子重重地敲响第一下的时候，没有敲下一块碎片，甚至连一丝凿痕都没有，可是他继续举起锤子一下又一下地敲，一百下、两百下、三百下，大石头上依然没有出现任何裂痕。

可是石匠还是没有懈怠，继续举起锤子重重地敲下去，路过的人看他如此卖力而不见成效却还继续硬干，不免窃窃私语，甚至有些人还笑他傻。可是石匠并未理会，他知道虽然自己所做的还没能立刻看到成效，不过那并非表示没有进展。

他坚持不懈地敲击着，一锤又一锤，也不知道是敲到几百或者上千下，突然“啪”的一声，整块大石头裂成了两半。

难道说是他最后那一击，使得这块石头裂开的吗？当然不是，而是他“一而再、再而三”连续敲击的结果。

在女人拼搏出一片天地的道路上，我们会碰到许多类似的“石块”，那种无比强硬的庞然大物，可能会给我们沉重的压迫感，然而，它并非不可战胜的。只要你能把自己的时间和精力都放在围绕着梦想的不懈努力上，梦想总会成真。

程雪毕业于一所鲜为人知的职业技术学校，只有中专学历。毕业后，她投了无数份精心准备的简历，却几乎连面试的机会都没有得到。

那段日子，她在家里无所事事，只能天天看父母的脸色。在残酷的现实面前，程雪逐渐失去了自信。某一天，她终于觉得自己绝不能再这样下去了，于是决定作出改变。

程雪穿上朴素的牛仔裤和白衬衫，到一条繁华的商业街上，挨家去问需不需要用人，终于，她在一家初具规模的湘菜馆找到了前台服务员的工作。程雪负责招呼客人点菜、上菜，几天下来鞋底儿都磨穿了，回到家里累得浑身酸痛。这些困难她还都能克服，最难以忍受的压力来自她的领班。那是个精明能干的中年女人，对程雪非常严格，有时候，明明不是程雪的错，可是领班却当着大家的面指责她，把责任都推到她身上，有些老服务员见状也一起来排挤程雪。为此，程雪不止一次躲在洗手间里偷偷流眼泪，每当这个时候，她就暗暗为自己打气：“她们这样做只是害怕别人抢走自己的饭碗而已，而我和她们有着本质的不同。虽然现在我被你们欺负，但是我的目标却不在这里，我只是需要赚钱养活自己，然后做自己喜欢的事。”

抱着这种心态，程雪以平静的笑脸对待繁重的工作和一些同事的刁难，渐渐地，大家喜欢上了这个温柔而坚定的女人，甚至还有人和她交上了朋友。

在这个湘菜馆工作一年以后，程雪已经和当初那个懵懵懂懂的学生大不相同了。在这里，她接触了社会各阶层的人，学会了与不同的人打交道，对自己的能力和目标也认识得更加清楚。当这个城市里一家做建材生意的公司招聘业务员的时候，程雪转行去了那里，从每天挤公交车的小业务员开始，一直做到独当一面的销售经理。然而，她依然常去那个湘菜馆，但是却是作为客人在这里安排饭局。

每一个重大的成就都是一系列的小成就累积成的，"继续走完下一里路"的原则对每个女人都有用。当女人们还年轻的时候，不管被指派的工作多么不重要，都应该看成是"使自己向前跨一步"的好机会。在小环境里的每一次成功，都是为在更大的环境里挑战更高的职位积累条件。"硬着头皮、咬着牙"把你打心眼里不愿意做的事情做得漂亮，将会比你满心抱怨地做完你的工作有更大的收获。

命运私语

有时某些女人看似一夜成名，但是如果你仔细看看她过去的历史，就知道她的成功并不是偶然得来的，她早已投入无数心血，打好坚固的基础了。

早点学会选择，人生没有回头路

当在现实中遇到不如意的时候，女人们特别喜欢假设，迷恋幻想。如果当初我能提高成绩，考上一流的大学……如果我嫁给了他……如果我还在原来的公司工作……如果我一直持有那一只股票……顺着这些思路理下去，无不是一个花团锦簇的未来。相比之下，眼前的一切愈发显得暗淡无光。

但是无论你愿不愿意，时间依然在流逝，我们所有走过的路，每一步都无法回头。

世上很少有天生好运的女人，机遇只是对能够抓住它的人情有独钟。如果你不能作出明智的判断，当机遇出现时，只能与之擦肩而过，失之交臂。美国著名牧师内德·兰赛姆，在94岁临终时留下这样一句遗言："假如时光可以倒流，世上将有一半的人成为伟人。"如果，我们可以拥有长者的经验与智慧，拥有年轻人的身体与干劲，那么几乎没有什么是不可能的。可惜的是，人生已过大半的中年人，已经习惯了安稳的生活，害怕任何风吹草动；涉世不深的年轻女人，又冒冒失失，经常犯各种各样的错误。尽管我们已经努力过，却很难拥有完美的人生。

20几岁的女人，是青春少女向成熟女性的转型期，在这段岁月里，前面的各种可能、各种机会让我们兴奋不已，眼花缭乱之下，很难作出恰当的决断。漂泊的时候，害怕自己到哪里都扎不下根；做着一份稳定的工作，又怕误了许多尝试和发展的机会。和倾心相爱的男人相处时，担心他有一天会伤了自己的心；守着一个能给自己踏实和温暖的男人，又向往那种魂牵梦萦的爱情。于是，很多女人找不到自己的道路，身边种种繁杂的事物像一个巨大的旋涡，吞噬了她们曾经的梦想和选择的资格。

当你还年轻，还有大把光阴可以塑造自己的时候，没有什么比保持清醒的头脑更重要。

几个学生向苏格拉底请教人生的真谛。

苏格拉底把他们带到果林边，这时正是果实成熟的季节，树枝上挂满了沉甸甸的果子。"你们各顺着一排果树，从林子这头走到那头，每人摘一枚自己认为是最大最好的果子。不许走回头路，不许作第二次选择。"苏格拉底吩咐说。

学生们出发了。在穿过果林的整个过程中，他们都十分认真地作着选择。

等他们到达果林的另一端时，老师已在那里等候他们了。

"你们是否都选到自己满意的果子了？"苏格拉底问。

学生们你看着我，我看着你，都不肯回答。

终于，一个学生说："我走进果林时，就发现了一个很大很好的果子，但是，我还想找一个更大更好的，当我走到林子的尽头时，才发现第一次看见的那枚果子就是最大最好的，老师，请让我再选择一次吧！"

苏格拉底坚定地摇了摇头说："孩子们，没有第二次选择，人生就是如此。"

"挑选最大最好的果子"是我们每个人都熟悉的人生命题。尽管我们都明白，一个人越是心不甘、情不愿，举棋不定，离最大的果子可能就越远，但是在选择的过程中，却依然患得患失，事后往往又后悔不已。

你可以回想一下，在自己求学、求职、寻找爱情的过程中，是否也犯过“一心寻找最大的果子”的错误。在瞬息万变、危机与诱惑并存的现实社会中，更需要我们保持一种平和的心态，远离浮躁，从容选择。面对人生的选择，最要紧的是要关注今天。我们的要务不是望着远方模糊的事物，而是做手里清楚的事情。

虽然我们常说“条条大路通罗马”，人生的道路原本有很多，但并不是任何一条路都是适合自己的。女人需要理想，但女人不能沉浸于理想。女人想干什么和能干什么是两码事，必须在能干的范围内选择想干的事。我们能吃得到的果子，就是最大最好的果子。

“一鸟在手胜过两鸟在林”，这种现实的心态，可以帮助女人们从云端落地生根，不至于在因为不知道什么才是自己真正需要的而虚度光阴。在每一次选择中，衡量自己的志趣、特长、教育水平和学习能力之后，你可以作出最恰当的判断。尽可能地寻找最大的林子，然后细心挑选一个适合自己胃口的果子，你的成功就拥有了可靠的基础。

命运私语

女人年轻的生命中充满了选择，你的选择不仅和你的心情相关，也和你的命运相关。你选择什么样的生活和工作方式，决定权在你手里，而你现在的选择则决定了你的未来。

遭遇歹运不要紧，关键要在不幸中学会自救

如果说女人是水做的，那么这水应该是充满活力的小溪或者小河，有水的柔和，也有水的韧性。不管有多少波折，多少险阻，水总能以自己沉静的力量，一路奔流到广阔的海洋里。

生为女人，我们的生命中有喜乐，也有悲苦，这对每个女人来说都不可避免。不同的是，心胸开阔的女人，不会因一时的得意而轻狂，也不会因一时的失意而破罐子破摔，把自己的生活推向更为悲惨的境地。

在现实中，女人的“天敌”实在太多了，无情的岁月，会使一个花瓣般娇美的女人儿，变成体态臃肿、脸上斑点丛生的中年女人；贫困的日子，也会使一个充满浪漫幻想的青春少女，变成唠唠叨叨、心浮气躁的怨妇。我们无法阻止岁月的流逝，也不能保证自己在生活中事事如意，但是我们可以决定自己以什么样的形象和心态面对生活。

在大家眼里，韩小蕙是个苦命的女人。母亲在她 7 岁的时候就病逝了，韩小蕙勉强念完了高中，就进了当地一家玩具厂当工人。在厂子里，有一位小伙子喜欢上了模样清秀、心地善良的韩小蕙，韩小蕙对他也有好感，谈了一年多的恋爱，两人高高兴兴地组建了一个小家庭。日子虽不富裕，但是他们很快乐，儿子出世之后，一家人亲亲热热，很让人羡慕。

正当韩小蕙对未来的生活充满希望的时候，丈夫不幸遭遇了

车祸，撇下爱妻和正上小学的孩子永远离去了。悲伤之中，韩小蕙意识到日子还要照样过，即使为了孩子，她也要撑下去。

她们的日子更为艰苦了，可是在她们家里却丝毫不见辛酸破败的样子，不太大的小屋，依然被韩小蕙收拾得窗明几净，母子俩在家，也是有说有笑的，还经常互相出些脑筋急转弯考验对方。吃的东西，韩小蕙也不马虎，即使只炒一盘土豆丝，也要切得细细的，加上胡萝卜丝和青椒丝点缀。偶尔买只鸡，还会做出辣子鸡丁、红烧鸡块、老火鸡汤等不同的花样。

韩小蕙家里，除了单位几个要好的姐妹常来外，很少有闲杂人等上门。曾经有一个已婚的男人以夫妻关系不和为由来接近她，也被韩小蕙客客气气又冷若冰霜的态度吓了回去。私下里，韩小蕙表示，要么找一个清白的好男人恋爱结婚，要么干脆自己带孩子过，决不能陷入那种不明不白的事情里。

韩小蕙的孩子上初中时，她迎来了自己的第二个春天，对方是她儿子小学时的班主任。这位老师因妻子出国离婚多年，在家访时认识了韩小蕙后，就被她深深地吸引，发誓要照顾她们母子一辈子。迎亲的时候，韩小蕙的丈夫西装革履，捧着一大束鲜红的玫瑰，那英俊儒雅的样子，和她的美丽清秀很是相称。

我们与其说是不幸的打击毁了女人，不如说是女人不好的心态毁了自己。生活的困窘，使她的心灵总也得不到舒展，生活中很多美好的事物也统统看不到。她不是在“过日子”，而是在“熬日子”，对于自己那份收入微薄的工作，也做得小心翼翼，唯恐有一天下了岗，就会陷入更严重的生存危机。没有钱更没有时间和心情保养自己，与同龄的女人比，她显得非常苍老和憔悴。看看人家的生活，想想自己的处境，遭受不幸的女人自怨自艾，觉得前途渺茫，周围一片灰暗。生活越艰难，性情越孤僻，结果就形成了一种恶性循环，谁见了都要躲着走。

做精神的贵族，说容易也容易，只要我们在苦难中还能保持自己的节奏，就不会被艰辛的生活吞没。在现实中，我们经常看到这样一种女人：她生活清贫，但家里窗明几净，阳光灿烂；她很忙，但总把自己收拾得清清爽爽，笑容甜蜜；她很累，但喜欢交朋友，谁有事都乐于帮忙。这样的女人，会把贫穷的日子过得有滋有味，而且我们可以断言，她的贫苦只是暂时的，因为她本身就具备过好日子的素质。

有一个女人，是个大学三年级的穷学生。一个男生喜欢她，同时也喜欢另一个家境很好的女生。她们都很优秀，他不知道应该选谁做妻子。有一次，他去那个很穷的女人家里玩，她的房间非常简陋，没什么像样的家具。但当他走到窗前时，发现窗台上放着鲜花——花瓶只是一个普通的水杯，花是在田野里采来的野花。就在那一瞬，他下定了决心，选择那个穷女人为自己终身所依。促使他下这个决心的理由很简单，那个女人虽然穷，却用一份美好的心情来对待生活，将来，无论他们遇到什么困难，他相信她都不会失去对生活的信心。

对于每一个女人来说，出身、环境乃至某一段人生遭遇，都不是我们所能选择的，我们唯一可以控制的，就是自己的心情。如果女人能拥有一颗宁静广博的心，就不会因为环境的压力而灰心，不会因为眼前的困苦而沮丧。有好心情的女人，不论是生活中还是工作中，随时都有碰到好机会的可能。

命运私语

女人的生活可能过得很辛苦，却不能过得辛酸破败。我们不能保证自己在生活中事事如意，但是我们可以决定自己以什么样的形象和心态面对生活。

不是生活状况决定品位，而是品位决定生活状况

有很多女人认为，好命要靠自己辛苦的打拼，多劳多得，慢慢为自己的命运之城添砖加瓦。这种想法有其积极意义，却还不够全面。好的命运来自努力，也取决于你对自己的心理定位。要知道，一个人受到的待遇与自己的表现密切相关，如果周围有很多人抬举自己，那么我们也会变得信心十足。但如果自己都不善待自己的话，无论在何时何地，都不可能受到别人的礼遇。品位其实也是一种资产，有很多人就是因为看起来卑微寒碜而失去了绝好的工作和成功发财的机会。

人们都有一种普遍的心理特点，谁越有实力，就越有吸引力，大家都以与其交往、与其合作为荣；谁若天生的扶不起来或者正在走霉运，大家都有意或无意地躲着他，好像与其走得太近，就会连累自己也低人一等。以此为出发点，我们无论做什么，都要先撑起门面来，任何时候都不能让外界看轻了。世上的事就是这样，你要想在这个世界上树立起怎样的形象，争取到怎样的身份地位，必须拿出像模像样的上佳表现，培养起在大家心目中的资格来。人们也许会同情弱者，怜悯弱者，却绝不愿意与他站在同一条水平线上。

生活中会有这样一种女人，她们的出身不见得有多好，职位也不见得有多高，却一直坚持高雅的、有品位的生活，举止文雅，待人彬彬有礼。长此以往，在周围人的心目中，她就是一个有修养、有

格调的人，大家对她的态度自然不敢过于随便、敷衍。后天贵族的资格，就是这么培养起来的。

谈到这里，有些女人也许会说，要是我也开名车、逛名店，自然也能培养起不凡的品位。而现在迟到一分钟就要看上司的脸色，吃个饭都急匆匆的；买个化妆品，也要反复掂量，对那些国际化的大品牌，还要有视而不见的定力。如此这般，哪里还有闲情逸致讲品位呢？

是的，我们不得不承认，品位有时候来自金钱的滋养，但是这不表示囊中羞涩的女人，一定就要过那种低级的、没有情趣的生活。我们可以暂时没有钱，但不能没思想，我们完全可以按照自己的条件，创造出一种让人刮目相看的品位生活。

有一对小夫妻，都是农村出身，大学毕业后在城市里找了一份薪水微薄的工作，一切都要重新开始。他们在一个僻静的小区里，租了套一居室的房子。房东是带家具出租的，除了床柜桌椅之外，还有一些不知哪年置办的相框、藤篮等装饰品。这对夫妻只留下了几样实用的家具，剩下的东西他们帮房东打好包，请他放进了库房里。自己动手粉刷了房屋之后，他们买了几个大大的陶土花盆，养了几盆舒展大方的赏叶植物，沙发上随便放几个手工靠垫，两本时尚杂志，气氛马上就出来了。到过他们家的同事，都待得很舒服，根本没有注意到他们的居住环境多么局促。因为住在自己一手打理出来的房子里，他们很快找到了“家”的归属感。

这家的女主人，在衣着打扮上也很有一套。她买的衣服不是很多，但是却常在报纸杂志和网络上“看衣服”，所以感觉一向到位，穿着时尚大方。上班穿的衣服，是她所有衣服中质地最好、价格也相对昂贵，她认为，每天工作 8 小时，没有理由不穿得整齐漂亮些。这不但会给同事或者客户一种信任感，自己也感觉很有精神。

如果说男人的生活品位还和他的经济条件密切相关的话，女性的品位则更多地来自于她的生活智慧。事实上，在生活中也不是花了钱就提高了生活质量，只要设计得当，你完全可以保持简约而够品位的生活方式。

总是庸碌繁忙地过日子，会给人一种很没有情趣的感觉。平日多接触一些如登山、网球、游泳等时尚的运动，学会演奏一样乐器，有几首拿得出手的歌，在聚众中表现一番。至于听歌剧、看画展，真正能领略其精髓的人又有多少呢？你可以不喜欢它，但是有必要了解它，即使仅仅作为一种谈资也是好的。

想象一下，一个外表清新大方，有见识，和各个阶层、各种类型的人都能找到共同语言的女人，她的前途怎能不光明呢？

命运私语

有钱不等于有品位，同样，也不是说生活环境差、地位低的女人，品位也跟着低人一等。女性的品位更多地来自于她的生活智慧，只要设计得当，自然就能体现出不凡的品位。

做个有修养的女人，努力打造个人品牌

在现代社会，商品要讲品牌，人也是要讲品牌的。女人在年轻的时候，名不见经传，事业与财富的积累也正在进行中，如果她在人们心目中口碑好、形象佳，则可以加快她的成功速度，而一提起来就让人摇头皱眉的女人，要想翻身，难度就大得多。

打造个人品牌，就是承认“人也是一种商品”这种非常现实的观念，大大方方地亮出自己来。在我们身边，从政府官员、大大小小的事业机构，到公司职员，各类专业人士，谁不是以学识、才干、技能乃至体力形貌等自身的资源来换取报酬？能使你掌握的资源获得最大限度的回报，就是个人品牌经营的成功。

如果是一件商品，那么它给人的第一印象就是它的包装、它的款式，对于一个人，他的外在形象也和他能否被人喜欢和接受有着直接的关系。现在很多女人都知道“美貌也是竞争力”的道理，舍得把自己有限的资金投到服装店和美容院里。年轻的女人，容易忽视的误区不是随随便便、邋里邋遢，而是个人形象和自己要追求的目标不符。如果拿商品作比喻，就是包装不符合受众的审美观。

如果说衣饰的品质，说明的是一个女人的身份，那么它的颜色和款式，则在传递着这个女人的个性信息，比如说，这个女人是时尚的还是保守的，是清高的还是随和的，是严谨的还是开放的等。选择什么样的衣饰，不仅仅是私人爱好的问题，你的主张，你的风格，都会在其中得到充分的体现。

英国历史上第一位女首相撒切尔夫人，对自己的妆容、服饰非常讲究。在她身上，没有一般女人的珠光宝气和雍容华贵，只有淡雅、朴素和整洁。从少女时代开始，她就十分注重自己的衣着，但并不标新立异、哗众取宠，而是朴素大方、干净整洁。从大学开始，她受雇于本迪斯公司。每个星期五下午，她去参加政治活动时，都头戴老式小帽，身穿黑色礼服，脚蹬老式皮鞋，腋下夹着一只手提包，显得持重老练。虽然有人笑话她打扮保守，但她却有自己独到的见解：这样的打扮能在政治活动中获得别人的信任，建立起威信。她的衣服从不打皱，让人觉得井井有条是她一贯的作风。这对她以后的政治生涯，都起着至关重要的作用。

一些文艺界、娱乐圈人士，在服饰上的选择是自由的。他们的卖点，就是自己的个性，慵懒的、颓废的或者新奇的风格，统统可以粉墨登场，冲击人们的视线。对于大多数女人来说，工作场合，就要求我们以整体的风格为风格，展示良好的公众形象。工作以外的时间，尽可以把自己打扮得纯情、华丽或者性感，但在办公室就不同了，要在尽量穿出自己个性的同时，符合公司的环境。如果实在不知如何打扮，那就选择优雅的淑女装扮，相信不会引起同事们的反感。

成功女性对于自己的要求，当然是要内外兼修的。如果只是装扮对路，而气质谈吐却不像那么一回事儿，你的表面工夫就白做了。

要修炼出一种良好的气质，仅仅会做表面工夫是不行的。有些女人说话总是蚊子般细声细气，吃饭时也像数饭粒似的，与人约会故意姗姗来迟，她们以为这就是淑女风度。但淑女不是扮出来的，最重要的是要不断提高自己的层次，不断丰富自己，多读书，多思考。阅读可以丰富你的头脑，同时也会增加思维的敏捷度，思考会使你变得智慧，久而久之，也会使自己的言谈举止都得到提升。只有真正从内心改变自己，才能达到持久的效果。当你出现在人前的时候，如果很自信，底气很足，风度自然也就优雅大方起来。

形象和气质，是女性打造个人品牌的入场券，最终的比拼，还要靠实力。毕业于某一家著名的大学，有某一种热门的专业证书，服务于某一家国际化的大公司，这是实力的标尺。会开车，英语流利，电脑应用熟练，学习效率高，接受新事物快，这是实力的具体表现。如果你具备上面的素质，你不用害怕失业，不用害怕没有钱花，不用对老板或者老公的脸色提心吊胆，在一处不如意，可以换个地方从头再来。

在职场有句话："你是在为自己的个人简历工作。"同样，女人在生活中的每一种具体的表现，都对你个人品牌的形成有着正面或者反面的意义，成功地打造个人品牌，首先要明确自己的目标和"受众"是什么，你要成为什么样的人，就按照什么样的形象来塑造自己，争取有一天变成自己理想中的人物。

命运私语

打造个人品牌，就要承认"人也是一种商品"这种非常现实的观念，然后把服装当成包装，把实力当成功能，将自己打造成最具竞争力的商品。

Chapter 4

年轻时少做些傻事，别让好运的天平倾斜

每个女人都要坚信，世上所有美好的东西都有自己的一份。只是在你追寻和等待的过程中，不要做那些破坏自己形象和名声的傻事。

男人是不怕犯错误的，哪怕是天大的错误，只要还有机会搏一下，就有希望。女人恰恰相反，永远都不要有孤注一掷的想法，只有坚守自己的理想，坚守自己的品位，才不会辜负你自然的花期。

别总想事事都顺着你，你不是真的公主

女孩给人的印象，总是美丽而洁净的。她们对待自己的要求高，不像男孩那么随随便便，对待别人，也是黑白分明，眼睛里揉不进一粒沙子。这种心态，在她们成年以后会有所改变，大部分成熟的女性，因为经历了很多的世事，会明白个人的力量是很有限的，与其和现实对抗，不如聪明地顺应它，不难为身边的人，也不难为自己。可惜的是，有些女人觉醒得非常缓慢，她们总以为这个世界应该是一个按照自己心意设定的美丽的花园，所有的人和事，都应当达到一种完美的状态。

小方是一位大都市里标准的白领丽人，她在一家外资企业做文秘工作，每天见到的人，都是彬彬有礼的绅士或是干练优雅的女性精英。她的丈夫是一位教师，是一个非常顾家的男人，平时对她非常温柔体贴。

在别人眼里，小方是一个非常幸福的女人，可是，她自己过得并不开心。她常常觉得自己的丈夫一身的书呆气，从衣着品位到举止谈吐，都有些上不得台面。于是，在生活中，她成了老公最严格的管教，如果老公又有哪方面不合“标准”或者没有达到某种预期目的，小方就“一而再、再而三”地刺激他，这使他有种喘不过气来的感觉，于是，他宁可逗留办公室或娱乐场所也不愿意回家。更严重的是，丈夫和妻子之间渐渐地无话可说，夫妻关系日益疏远。

如果像小方一样，对周围的人和事过度苛责，只会使自己陷入

无穷无尽的烦恼中。在我们身边，每件事都有自己的发展轨道，每个人也都有自己的观念和个性。女人应该承认，有些问题是无法解决的，自然，也有一些东西是无法改变的。只有相互包容，才能从根本上摆脱这种无谓的烦恼。

在自己的小家庭之外，我们要和各种各样的人打交道，这就更不能以自己为标尺去衡量别人的生活。

安洛是上海人，父母都是高级知识分子，她从小在一个平静幸福的环境中长大。大学毕业后，留在上海的一家生活类杂志社做编辑工作。丈夫是她的同学，也是她交的第一个男朋友，两个人感情很好。

办公室里，有一位刚从外单位调来的编辑小韩，年轻人工作能力很不错。但是安洛听人说他老家是甘肃农村的，刚来上海，就与妻子离了婚，现在正与社长的外甥女交往。这正是安洛最忌讳的地方，她认为这种不忠实的男人，必须敬而远之，没事尽量少与他来往。这时，杂志社要做一篇消费调查的稿子，主编就派安洛与小韩搭档去做。安洛很不高兴，回到家里也是闷闷不乐。丈夫问明原因，劝她说："工作是工作，生活是生活，你把他当成单纯的同事不就可以了吗？何必想那么复杂呢？"

安洛带着十二分的不满和小韩上路了，拍照片，写稿子，一个星期忙得不亦乐乎，终于完成了任务。在这次合作中，她发现小韩工作认真，视角敏锐，是块做传媒的好材料。而且他为人也很大度，对安洛的文笔一直称赞有加。安洛不得不承认，他们这次合作很愉快。

事后，安洛认真反省了自己的态度，也认为自己过去有些偏激了。小韩与妻子离婚，也许有外人不知道的深层原因，并非单单人往高处走那么简单。即使他真的功利之心太重，也是他自己的问题，并不影响他们之间的同事关系。计较太多就是十足的小女人心肠，是为自己的职业生涯自设障碍。

在社会上生存，四周难免会有你不喜欢的人，而这种对象越多就越不容易生存，所以我们要尽量与人为善，消除他们在我们心中的坏印象。让自己融入现实之中并没有想象中那么困难，觉得讨厌的人，和他交往一段时日后，你就会发现他的一些优点，从而改变了当初的印象。如果你不喜欢很多人，拒绝和他们亲近，他们同样没有喜欢你的理由，这会使你的处境非常艰难。

人和人不可能都一样，我们有我们的道，人家有人家的道，求同存异，携手共进，是一种成熟的处世方式，也是好命的女人应有的正确态度。

命运私语

在社会上生存，你不能保证身边每一个人都是你喜欢的。你应该承认，有些问题是无法解决的，有些东西是无法改变的，包容心强一些，烦恼就会少一些。

女人会说"不"，一味迁就只会让伤害变本加厉

性格柔弱、心慈面软是女人的天性，如果她们在生活中遇到的每个人都是守礼的君子，是无可挑剔的好人，这种性格并不会给她们带来任何麻烦。可惜的是，有些人你越是忍耐和退让，他们越是得寸进尺，丝毫不体谅你的苦心和善意。

对于摆在自己面前的问题，很多女人或者迫于对方的压力而不敢说"不"，或者碍于情面而不好意思说"不"，结果很多明明不该是自己的事，统统落在自己头上。要不就是所做的事大大超过自己的能力负荷，让自己面临崩溃的边缘。

事实上，很多女人常常过度在乎自己对别人的重要性。就好像我们常常听到的一句调侃的话："没有你，地球照样在转动。"这句话的意思是说，没有什么人是不能被取代的。如果你把每一件事都看成自己的责任，妄想着去完成，这根本是在自找苦吃。你真正该尽的责任是，对你自己负责，而不是对别人负责。你首先应该认清自己的需求，重新排列自己价值观的优先顺序。把自己摆在第一位，这绝不是自私，而是表明你对自己道德意识的认同。"不"固然代表"拒绝"，但也代表"选择"，把自主权牢牢地抓在手里，别人才不会利用你的弱点，把困难压在你的头上。

杜鹃出生于一个贫困的家庭，父亲是面粉厂的工人，妈妈没有工作，只在家里操持家务、照顾孩子。她的父亲脾气很差，每次喝了酒，都要找茬儿和妈妈吵架，高声骂人、摔东西，妈妈只是躲在一

旁偷偷地哭。

杜鹃很争气，她长大后半工半读念完了大学，在一家做汽车配件生意的公司找到了一份工作。她的聪颖和吃苦耐劳的品性，很快就引起了经理的注意，很多重要的项目，都很放心地交给她去做，杜鹃也获得了让自己满意的职位和薪水。这时候，她认识了一个学美术的刚刚毕业的大学生，他英俊的外表和流利的口才深深地吸引了杜鹃，杜鹃深信他是一位怀才不遇的大画家，一片真心，都放在他身上。

两个人租了一间小房子，像小夫妻一样过起日子来。“大画家”开始的时候还在一个卖工艺品的小店里做做兼职，时间一长就懒了，每天在家里画几笔画，剩下的时间要么看碟要么睡觉，只靠杜鹃一个人的薪水生活。杜鹃认定男朋友是干大事的人，对在生活中谁花多花少并不计较，但是一个大男人一事无成，至今仍要靠女人养活，他自己心里也不是滋味，于是用酒精来麻醉自己，一面抱怨自己怀才不遇，一面又游手好闲地胡混。杜鹃继承了母亲的美德，自己坚强地撑起了一应家事，“大画家”渐渐地适应了这种生活，把杜鹃的付出看成理所当然的事情。一次，两人因为琐事吵了几句，他竟然对着杜鹃吼道：“我运气不好，落到和你这个乡下丫头一起混日子，你还有什么不满足的?”这时候，杜鹃才明白自己在他心中的地位，原来，自己这些年的辛苦，在他眼里却是一钱不值，当自私成为习惯的时候，他已经看不到对方的付出。

好女人常常会遇到坏男人，乍一看来，这是命运的不公，其实认真追究起来，男人的坏，却是他身边的女人纵容出来的。女人不辞劳苦，把该自己干和不该自己干的事儿统统包揽起来，无限制地满足男人的任何要求，即使明明应当抗拒的事情，心中一软，也委屈地忍下去。当女人不像女人的时候，男人也就不像男人了。一个不像男人的男人往往会忘了作为一个男人应当承担的责任和具备的本色，这时候的男人成为“窝囊废”和“自私鬼”也就不足为奇了。

如果你难以说出“不”字，会造就一批习惯于对你颐指气使的小人；在家里难以说出“不”字，再多的苦水咽到肚子里也没人会体谅你。好命的女人，生来是被保护的，被宠爱的，如果你不愿意接受这样的角色，当然也可以主动分担责任，值得注意的是，你分担属于自己的那一部分已经足够。

如果你愿意过整日劳累并且无人感激的日子，你可以做任何事；如果你想做个好命的女人，有更多可支配的时间和放松的机会，那么你真的不能把所有事情都扛在自己肩上。

命运私语

年轻女人的能力是有限的，我们实在没必要“有求必应”，某些时候应该会“拒绝”。但现实中的情况往往是，有时候，我们本想拒绝，心里很不乐意，但却点了头，碍于一时的情面，给自己留下长久的不快。

总花男人的钱，女人更易遇上坏男人

按照一般的规律，男性与女性以朋友的关系共同消费时，通常是由男性来埋单的。偶尔为之，还不必太介意，这对男性，是表现绅士风度的一种机会，对女性，也可以暂时放下端庄严肃的职业面孔，让自己放松一下。只是所有的事情都有一定的限度，在这个限度之内行事，是尺度，过了界，问题就复杂了。如果你以为作为一个年轻靓丽的女人，就可以毫无顾忌"吃定"某人，那就大错而特错了。

一个男人如果连续不断地为一个女人花钱，那么他对她肯定是抱有某种目的的，要么想得到她的感情，要么想得到她的身体。只要他不是圣人或者傻子，这个法则同样对他适用。反过来，对女人来说，如果对于某个男人，你只是把他当一个普通的玩伴，并不想有任何深层的瓜葛，花他的钱，就是一种特大的错误——他会认为你已经默认了他对你享有某种特殊的权利。而且，更让人难堪的是，在周围人的眼里，你们也是天经地义的"一对儿"，有一天你们分开了，你会被认为是一个很无情、很随便的女人，这会大大降低你在人们心目中的印象分，一旦有其他好男人想接近你时，你的这段经历也许还会影响他对你的感觉。

那么，当一个女人对一个男人有极大的好感，想认真地和他发展一段感情甚至共度以后的岁月时，是不是就可以把他当成自己人，安心享受他所付出的一切呢？不，你越是看重他的爱，越是首先要确立两个人的平等关系。这样,才可能在以后的漫长岁月里,获得他的尊重。如果在他心里你是一个只会吞吃金钱的玩偶娃娃,那么他将很难转过弯来,将你当成携手共度人生的爱人来对待。

有一个女人考入大学后,在正常的学费和日用之外,父亲特意多给她每月300元的零用钱,并且告诉她说:“多出来的这300元是为了提高你的生活质量,你可以买零食、小饰物,或者攒起来买漂亮衣服和高档化妆品。”女儿表示自己不是喜欢攀比的人,用不了这么多。父亲说:“你不喜欢攀比很好,不过,自己的钱包有钱,会让你觉得自己更自由!要是你真的有喜欢的男孩子,我还可以资助你恋爱经费。”

这位父亲的意思是想让女儿学会为自己的感情生活埋单,从而获得更有质量的爱情。

当然,我们不是说一对男女在约会时,每次都要分毫不差地实行“AA制”,但是也不能只把男人的钱当成公有财产。女人不是货品,感情更不是交易。恋爱的时候,女人最好带上自己的钱包,即使他不舍得让你花钱,你也要学会在适当的时候埋一次单!

不要误会只有花钱如流水的男人才够豪爽大方,如果他的经济基础雄厚,那么你们所有的花费对于他只是一种找乐儿的小钱,并不能以此来衡量他对你感情的分量;如果他的经济条件不好却喜欢在女人面前显示,就有“打肿脸充胖子”之嫌了,这样的男人,做普通朋友还可以,却绝不适宜长久的生活。而女性的青春短暂,是耽搁不起的,为恋爱而恋爱是青涩小女生的事儿,成年以后,就应该变得现实一些,为自己的人生做一个长远的打算。那些量入为出,在自己的收入范围内安排生活的男人,反而是值得信赖的。观察一个男人是不是爱你,你自可以通过多个侧面来了解他的态度，仅仅从他埋单的姿态是不是很帅来定性，得到的也只能是一种片面的印象。

有一个小笑话是这样的：男女两人在餐厅吃过饭后，男人不看单子就付钱，说明他正在追求这个女人；男人逐一对照无误后付钱，说明他们的感情已经非常稳固了。

好命的女人真正所需要的，不是那种惯于在女人的石榴裙下打转儿的大众情人、护花使者，哪怕他们有型有款，卖相极佳，终归只是一个看起来很美的肥皂泡罢了。女人被"追求"，听起来很尊贵，但同时也代表你们感情的温度不够，他能潇洒地为你埋单，同样也能潇洒地为任何一个美女埋单，这样易聚易散的关系，难道是你所期望的感情生活吗？所以，当一个男人在你面前收起了那种"豪爽"的作风，变得精明而稳健的时候，那么恭喜你，你们的感情已经经得起外来事物的冲击与考验了。

命运私语

女人谈恋爱，遇到一个潇洒大方、会玩会乐的男人感觉很爽，但是你要明白，只有那种踏实和稳健的男人，才能保证你将来的幸福生活。

女人易犯"很傻很天真"的错误

女人因为年轻、阅世不深、心态不够稳定,较容易犯那种"很傻很天真"的错误。比如说,把所有的感情和未来的希望,都毫无保留地押在一个男人身上,一旦爱情受挫,自己的目标、方向、人生价值都一同受损,伤痛自然很难治愈了。

另有一种情况却与之相反,有些女人同样由于人生阅历不够,对未来认识不清,还没有开始恋爱,就先在心里定下一个不可动摇的标准,一定要在这个"括号"里找人。找来找去,人没挑好,倒把自己的年纪挑老了。

那些至今仍然形单影只的"剩女"或是"胜女"们,常常抱怨甲男有前途有事业但个子太矮;乙男又体贴、又会玩但是经济基础太差;丙男有钱,但是太花心,怕将来出问题。恋家的男人,嫌他没有事业心,天天忙于工作吧,又觉得没有安全感。她们总觉得要有一个样样俱全的男人才配得起自己,带到人前才有面子,不枉自己多年的挑选和等待。

在女人们的潜意识里,都想找一个十全十美的好丈夫,但是现实永远大于理想,懂得享受属于自己的幸福,才是聪明的女人。

有人以《西游记》里唐僧师徒四人为例,劝诫女人学习欣赏爱人的优点:

如果嫁的是"猪八戒",你不要伤心,因为你可以得到体贴温柔。"与其嫁给你爱的人,不如嫁给爱你的人。"被人爱着便是莫大的幸福。

如果找的是“孙悟空”，你也不要心酸。两情若是长久时，又岂在朝朝暮暮？他忙，就让他忙他的。男人的一半是女人，男人成功了，女人自然也跟着风光。

如果爱的是“唐僧”，你也不要恨铁不成钢。挽着“唐僧”上街，会招来多少羡慕的目光？

如果和你一起过日子的是“沙僧”，你也不必着急。慢性子有慢性子的好处，老实人有老实人的福分。

婚姻和感情是人生中的重要考场，每个女人最后都要交上自己的答卷，但谁都得不到满分。这个世界上不存在十全十美的人，所以，完美的爱人也不存在。有不少女人常常对未来的感情生活抱有不切实际的幻想，将它想象得非常完美。尽管现实生活中也有少数非常理想的婚姻，但是必须明白，它是夫妻双方坚持不懈、努力完善的结果。

每个人都是一个独立的个体，都会与他人有所不同。当然，你的爱人也不例外。和你一样，他也是一个独一无二、有别于其他人的复杂综合体。他会有男人的刚毅和气度，会有自己独特的需求和喜好，当然也会有自身的缺点和不足。

有些品质是相互矛盾的，根本无法兼容在一个人身上。张小娴的《二合一》就充分说明了这一点：

“二合一”的洗发水在出现之初，大家趋之若鹜，使用之后才发现，这种把洗发水和护发素合二为一的洗发水有些质量低劣，多用几次就有头皮屑。有些人用了之后就开始脱发。

洗面奶和磨砂膏二合一，质量也极差。洗面和磨砂根本不是一回事，洗面是清洁面孔，磨砂膏去死皮，一张脸怎能天天这样磨？

如果有一种药膏，又可以涂又可以吃，你敢不敢吃？但凡高质量的产品，绝不会是多种用途的。二合一或三合一、四合一等，不过是降低品质来迎合懒人或没有要求的人。

聪明的女人不要总奢望找到一个二合一、三合一或四合一的男人，他富有又博学、英俊又专一、事业有成又一往情深，那是不可能的。所有好处和优点难以在一个人身上同时出现。

聪明的女人，应该学会睁一只眼闭一只眼，欣赏爱人的优点，淡化他的不足。如果一个男人能为家庭提供生存保障，就不要过于苛求他的温情体贴；而对于能给自己带来精神抚慰的男人，挣钱少点也不必太放在心上，甚至觉得没有面子。

女人要在感情生活中拥有一份让人羡慕的好运气，把握好自己，不在没有责任心的坏男人身上虚耗时光是非常重要的，同时，另一个重要原则是要学习用欣赏的眼光看待你的爱人。那种这山望着那山高的挑剔，在你们的关系不确定时，你会吓跑他，即使已经正式牵手，也随时有失去他的可能。

命运私语

世上根本没有多合一的好男人。如果女人够聪明，应该学会睁一只眼闭一只眼，遇事多想想他的优点，甜甜蜜蜜地享受属于自己的那份感情。

你该有什么样的资本让男人喜欢你

在寻找自己感情的猎物的时候，一般的规律是，女性更注重男人的实力，男性更注重女人的外貌。然而，对于一个女人，你必须要明白，男人们这一点自然倾向，并不代表他们都是只重感官而毫无大脑的动物，不管在什么时候，一见到靓女，就忘记了东西南北。

是的，在街头酒吧等场所，男人们爱和外表惹眼的女性搭讪，但是这不表示在他们经过周详的考虑，要为自己寻找一个固定的伴侣时，也以赏心悦目作为第一选择。我有一个朋友，是做记者的，说话比较直接犀利。他认为，选择爱人还是综合素质高一些为好。他最欣赏的女性，是地产大腕潘石屹的妻子张欣那种类型的，不是太漂亮，但是气质高雅、智商出众，更重要的，有与丈夫优势互补、携手共进的能力，一个男人的平淡人生，会因为拥有这样的女人而陡然精彩起来。

这是来自男性方面的真实反馈，明白了他们的心思，你还只甘心做个花瓶式美人儿吗？

如果一个女人只热衷于把自己打扮得漂漂亮亮地与男人约会，除此以外，对其他的世事一概不知，那么毫不客气地说，你这朵鲜花，离凋谢的日子已经不远了。

我们生活的这个世界，差不多每一种选择都是双向的，女人在挑选男人，男人同时也在挑选女人。当你已不再是对未来充满幻想的少女时，想必已对那些急急忙忙投简历、找工作的毛头小子不感兴趣。同样，那些已经拥有一定的事业基础，有房有车，正处于人生上升期的男人，也不愿意把自己的时间精力，都花在一个只是看起来养眼的小女人身上。当然，一些年纪比较大、比较富有，但是只想花点儿钱在年轻女人身上找个乐子的男人不在此列，他们喜欢的女人，第一要漂亮，第二要无知，在一开始，双方就没有站在一个平等的地位上。女人要追求一生的好命，做富人的这种芭比娃娃，并不是一个好的选择，因为你不能保证自己永远青春靓丽，也不能保证某个富人只喜欢你这种类型的娃娃。

所以，你考虑问题的重心应该在于：男人有房有车，我应该有什么样的东西可以拿得出手，与之匹配时毫不逊色？

男人有男人的地位，女人有女人的身份。如果你出身名门或者豪富之家、书香门第，这就是你的天然资本。好的出身代表着荣耀、眼界和高贵的社会关系，无论什么样的时代，什么样的社会环境，这一点对于正力争上游的男士来说都有足够的吸引力。家世不错的女人，只要能好好地把持自己，不堕入放纵无度、抑郁等常见的富贵病里，大体上就能保证在上流的圈子里，和正派上进的男人恋爱，顺利地进入平稳安乐的婚姻生活。名门淑女的身份，并非食之无味、弃之可惜的鸡肋，起点比较高的女人，要懂得珍惜自己的福分，少接触街头上那些随随便便的男人和女人，使自己的名声和身份降格。如果你是一粒珍珠，一定要镶嵌在白金的托子上才能大放光彩，一旦落入泥尘，想回头就太艰难了。

如果出身不够优越，女人的道路又该如何走呢？没关系，你还可以放开手脚，追求你的第二种身份。

名校的学历，各种热门的资格证书以及你所服务公司的牌子、你在工作中的职位等，都是我们可以通过个人的努力而改变的身份。把时间投资在这上面，首先可以提高你在社会上的身价和待遇，从而也强化了你与有地位的男性演对手戏的资格。科技精英与名校才女，行业新贵与白领丽人，都是人们心目中天造地设的绝配。否则，一个体面的绅士在社交场合拖着一个毫无品位、很愚昧的女人入场，别人说什么，她一问三不知，或者时不时就做出一些不入流的动作和说一些很搞笑的言辞，大家会怎样看待这一对儿呢？男人又会如何看待自己的爱情前景？在这些不大不小的困扰面前，时间一长，男人们心生他念也是情理之中的事儿了。

“好女人”“好形象”，最终才会决定你的“好机遇”。不管是内在的素质和修养，还是外在的气质和装扮，都会对塑造形象产生一定的作用。女人对于自身存在的某些缺点和问题，尽管一时或终生都难以改变，但仍不妨学会掩饰自己的不足，有意识地将自己包装成“内外兼修”的美女。

很多女性看待感情问题的时候，常常会一厢情愿地从自己的角度出发，要求男人有房有车有事业，自己就可以不用打拼而直接享受。关键是，对于那些已经功成名就的男人，你有什么资格让他敞开胸怀来接受你呢？女人的青春与美貌，能吸引住的只是男人的眼球，如果想让他驻足，你各方面的分数都过得去才行。

这对美丽的女人，是一种警戒：不要以为是美女就可以通行无阻，要获得长久幸福，仅靠外表是行不通的；对于外貌平凡的女性，是一种提示：一门功课的分数不够不要紧，只要其他门类的分数过硬，平均分就会上去，命运之门依然是敞开的。

命运私语

女人的青春与美貌，能吸引住的只是男人的眼球，如果想让他驻足，你各方面的分数都过得去才行。要求男人有房有车有事业并不为过，只是应该注意你要有足够的资格与之匹配。

别无选择时，也不要让自己一错再错

如今的社会风气已经很开化，人们对于青年男女婚前的亲密行为司空见惯，当成很平常的事儿。现在再讨论这个话题，似乎有些老土，有些落伍了。但是我们抛开社会的、道德的层面，仅就女人自身的利害看问题，那种过于豪放的作风也是不适宜的。

我们喊了多少年的男女平等，而事实上，现代中国的社会里依然保留着男权的印迹，换句话说，就是我们的社会在男女关系上，依然是对男性宽容对女性苛刻的。男人只要还不够判刑进监狱，犯一点风流过错是算不了什么的，他什么时候想回头都来得及，对他一生的影响并不大。他照样可以打工创业，娶妻生子，堂堂正正做人，没人去干涉他的私事。女性则不同了，如果一个女人不小心结交了坏男人，不管是心甘情愿还是上当受骗，污点都永远是污点，以后再谈情说爱，也会因为这一段经历失分。这种状况实为不公，但几千年来的文化习俗就是如此，我们既然改变不了它，那么不如顺应现实的世道人心，好好地爱护自己。

单身女性在社会上生存不太容易，她们常常会觉得自己很孤单、很无助，这时候，也就是她们很难把握好自己的时候。

蓉蓉是一家酒楼里的服务员，她年轻又漂亮，同在酒楼里工作的调酒师欧阳一直暗恋她。蓉蓉的家乡在千里之外，在这个城市里没有几个好朋友，她虽然不太喜欢欧阳，但是又很享受他的殷勤，下班后经常和他在一起消遣。

欧阳有辆二手车，时常拉着蓉蓉看夜景，当然，他们在外面的消费全由欧阳埋单。有几次欧阳陪蓉蓉逛街，看到她对喜爱的衣物依依不舍，欧阳就大方地买下来送给她。

蓉蓉觉得自己亏欠了欧阳，对他的亲热举动总是不好拒绝。有几次，趁着酒兴和美丽的夜色，他们还在车里发生了关系。这在蓉蓉，是一种安慰和报答；在欧阳，却已经当成是对他们感情的默认，不管蓉蓉怎么想，他一直以她的男朋友自居。

半年后，蓉蓉认识了一个当地的公务员，很快便被对方的才气和家庭背景吸引住了，加上对方的鲜花攻势，便做了他的女朋友。不久后，两人的恋情公开。别人都羡慕蓉蓉找到了好依靠，蓉蓉自己也觉得很幸福。

当欧阳得知这一消息时，如同一瓢冷水从头上泼下来，他跑去质问蓉蓉："我们的关系已经到了这个份儿上，你这样做是不是有点儿不自重了？"蓉蓉一急，就抢白他说："到了什么份儿上，我答应过你什么吗？承诺过你什么吗？"

欧阳自然心有不甘，他认为自己被蓉蓉玩弄了，于是威胁她，如果不给自己一个说法，就要给她泼硫酸，让她毁容。

望着欧阳扭曲的面容，蓉蓉才意识到问题的严重性，但是此时面对这一团乱麻般的关系，她也不知如何是好。欧阳更是心情极差，天天借酒消愁，工作上时常出岔子，不久后就被酒楼辞退了。

欧阳认为这一切的打击都因蓉蓉而起，他扬言要报复蓉蓉。蓉蓉知道欧阳是个说得出做得到的人，她不得不辞了工作躲起来。蓉蓉回老家后不久，公务员男朋友也跟她分手了。

经常有这样一些女人，或是因为情感上处于空窗期，或是没有更好的人选，对追求自己而自己又没有好感的男孩，来者不拒。她们一方面享受着别人付出的感情和物质好处，另一方面又在暗暗寻找着条件更好、更适合自己的男友。她们以为自己很聪明、很开放，却不知很多不幸的种子，这时候已经埋下来了。

在和异性交往中，讲清楚自己的感受——是爱情或者仅仅是一般的朋友，不随便和他发生亲密的关系，这应该是每个女人的底线。这不是为了“清白”或者“道德”之类的东西，我们只是不应该把一生的幸福，毁在某一种暧昧的关系中。

当一个女人走过了孤独寂寞，找到自己心仪的男人时，是不是就可以完全放松了呢?

这也不能一概而论。

感情浓密时，偶尔有过分的举动倒也不必自责，毕竟我们既不是圣人，也不是草木，不可能总是无限期地洁身自好。但是一时的情动当不得日子过，那不是一个可以随便进出的花园，在没有做好准备，看清前面的路之前，自我控制的能力将决定女性未来的命运。

命运私语

很多女人在情感上处于空窗期，或是没有更好的人选的时候，常常会不知轻重地享受身边男人的殷勤，和他过分亲密。她们以为自己很聪明、很开放，却不知这对自己的未来，已经产生了不可逆转的负面影响。

年轻也要勇敢地选择自己的方向

差不多每个女性，都有几个“闺密”。年轻女人有同学和死党，太太们有她们的“太太帮”，闲来无事，大家在一起逛逛街、喝喝茶，骂几句男人或者上司，既是一种交流，也是一种放松。“闺密”的好处不少，但是女人们这种爱扎堆儿的习惯也有些负面影响，女性的缺点是虚荣心和攀比心太强，人家有的自己没有，站在一起就矮了半截，无论如何也要追回来。这样一来，她们就很容易把别人的理想当成自己的样板，把社会上风行的东西当成自己的目标，每天总是忙忙碌碌，却很难把真正有用的东西抓在手心里。

有很多女人，从考证、办驾照到炒股、健身、泡酒吧、淘古董，样样事都少不了她。她知道社会上的热点是什么，却不知道自己的目标和爱好是什么，大部分时间都处于追逐的过程中，越是劳心劳力，越是浮躁空虚。追着别人的脚印走，你永远是一个落后者，而那些聪明的女人，也要做很多事，但她们却懂得轻重缓急，能很好地控制生活的节奏。

谭小平是个很有主见的女人，聪明、会生活。她大学是在上海念的，毕业后就留在了那个繁华的城市，在一家外资公司做起了白领。当她的同学都在奋力准备考研的时候，她却不为所动。她的同学都感到很奇怪，此时考研之风大热，为什么一向学习成绩优秀的谭小平不考研呢？当同学问谭小平的时候，她表示现在只想在社会上多锻炼锻炼自己，趁年轻好好干几年。

谭小平从小职员做起，两年后就做到了公司的中层，常常有出国培训和出差的机会。当她的大多数同学还在学校里读研的时候，她已经在不同的国家和地区之间飞来飞去，开阔了眼界，提高了能力；当她的同学研究生毕业正为找工作而焦头烂额的时候，她已经积累了足够的工作经验，有跳槽的资本了。

可是正当谭小平的事业做得风生水起的时候，她却再次让人大跌眼镜，她要做妈妈了。谭小平在28岁的年龄生下了一个可爱的小女儿，并且她一直用博客来记录宝宝的成长。

谭小平在家里带了一年孩子，在孩子一周岁的时候，她一个华丽转身，去了另外一家外资公司做部门经理，薪水比原来高出50%。谭小平一直演绎着自己的精彩，把自己的生活过得有声有色，让人羡慕。

当然，我们不是说女人不能考研，工作、结婚和生子才是一生的重点，我们要强调的是，你是不是有一颗聪慧的心，在别人还东一头西一头找路走的时候，就已经对自己未来有一个大致的判断。如果你认为自己的优势在于做学问、搞技术，那么在校园里多深造几年也是应当的，厚积薄发、后来居上的例子也很常见。还有对要不要孩子这个问题，有些女性坚持等自己经济基础好、事业有成的时候再专心在家养育宝宝，这也是一个合情合理的选择。问题的重点，在于你对自己的学业专长、性格特点和身体状况是否有一个明确的认识，并且在这个基础上规划自己的人生道路。

有了明确的目标，周详的计划，我们就知道什么是自己当前要抓紧完成的，什么是绝对不应该做的，就不会糊里糊涂去做一些本不应该做的事，最后不仅耽误了时间，浪费了精力，还可能搅乱了自己正常的生活秩序，甚至产生一些严重的不良后果。

好命的女人，大方向要明确，在日常小事上也不能太盲目，社会上热点总在变化，潮流总在翻新，想让自己样样不落后，结果只能疲于奔命，到头来把自己的优势也丢掉了。

世上的路有很多条，适合别人的，不一定适合你。有人在这条道路上获益，不等于你照方抓药也一定有收获，同样，有人在这条路上碰了壁，也不一定就代表着“此路不通”。我们在选择自己的道路时，不妨顺着这样的思路考虑一下：目前，我最大的资本是什么？我的优势在哪里？怎么做才能使它们得到最大限度的发挥？

命运私语

追着别人的脚印走，你只能疲于奔命，到头来把自己的优势也丢掉了。人生选择的重点，在于你对自己的学业专长、性格特点和身体状况是否有一个明确的认识，并且在这个基础上规划自己的前途。

女人要奋斗，也要顾着点身体

我们每个人年轻的时候，心里总有许多梦想，再现实的女人，更高的职位、更大的房子、更多的金钱对她也有足够的吸引力。为了生活的理想或者说是理想中的生活，许多女人如电视剧《奋斗》中的女主角一样，投身于激烈的社会竞争中，发誓要靠自己的双手，创建一个美好的未来。

有这种理想的女人无疑是值得敬佩的，只是我们在为其鼓掌的同时，也奉劝她们要量力而行，不要透支了健康。

关于一个人所取得的成就与健康的关系，有一个非常有趣的比喻：健康是“1”，而财富、名誉、职位等都是“0”。有“1”在，“0”自然越多越好，如果“1”倒下了，那么再多的“0”也都没有意义。

海伦是一位非常精明能干的女会计师，凡事都懂得精打细算。她开了一家会计师事务所，没有一分钱不在她的掌控之下，但是她每天辛苦工作抢钱，却掌控不了自己的命运。在她32岁的时候，就因为过度劳累而得了蜂窝性组织炎，自此之后，她便终日与各种中、西药品为伍。医生发生警告，如果她再如此操劳下去，生命就会快速老化终结。她原本计划45岁退休后要移民到法国南部的农庄，投资红酒生意，结果，计划赶不上变化，没有了健康，一切都将成为泡影。

现代女性同样为钱而去拼命工作，生命的发条一直绷得紧紧的。这不但不会使她们成功，反而会使她们失去挣钱的最大资本——健康，你赚的钱再多，如果以失去健康为代价，是毫无意义的，因为那些钱你已经没有资格享受了。

有的人会说："我没有时间运动，我不得不工作。"其实越是这种时刻你越应该说："我必须保养好身体！"如果你失去了健康，别的什么事也别想做了，如果你不能养成健康的习惯，不能定期体检，将来你花在治病上的时间远比你保养身体的时间多得多。一次小小的感冒就会让你好几天不能工作，更何况带着疲惫工作，工作效率也不会很高。

在现实生活中，有些女人天真地想着先苦肯定会后甜，现在吃的苦以后再来补偿。用先吃苦再娱乐，先苦才能后甜来迷惑自己。那其实是一个谎言，苦难并不是欢乐的前提。

前些年，有首流行歌曲叫《我想去桂林》，歌词大意是："我想去桂林啊，我想去桂林，当我有时间的时候，我却没有钱；当我有钱的时候，我却没时间。"其中蕴含的哲理就是娱乐和休闲如果换成等待和补偿，那极有可能成为一个谎言，成为一个永远的等待。

很多女人都认为永不停息的奋斗能让她们的生活更保险，所以，她们把现在的生活过得潦草而廉价。其实这是对生活没有自信的表现。健康的享受是人生的进步。当你为了将来而省略了生活中应有的享受时，你的生活就打了九折；如果牺牲了亲情与健康，那你的生活就打了对折，再富足的生活也经不起打折。

年轻的女性，身体的底子大都是不错的，大病大痛还没有找上门来，可能听不进关于健康的劝诫。其实我们的身体也像一棵树，看起来枝繁叶茂，可是如果你不注意保养，它就会从内部的脉络中先损伤开来，终于有一天，会在某一次疾风骤雨中折倒。

所以，当你的身体有小的不适时，不要掉以轻心，切勿小病酿成大病。女人常常患有消化不良、生理痛之类的毛病，看似没有根治的方法，但只要采用中医、饮食、瑜伽等进行调理，实际上很容易得到满意的效果。年轻的身体很容易见到“药效”，因此，只要对身体稍加关心，对小毛病进行补救，将会一生受用。注意调理和保养，相信不仅是身体，连精神都会变得健康。

现在有一些白领宁愿放弃高薪的职位，来换取更多的休息时间，从而达到一种“可持续发展”，而不是像以往一样拼命工作，发疯赚钱。善待自己——不论是精神上还是身体上，你会更好地保持活力与健康。

命运私语

很多女性对于未来常常有一种因为把握不定而产生的恐慌，为了让生活更保险，她们把精力都花在激烈的社会竞争中。这不但不会使你更成功，而且还可能把你的健康资本吞噬掉，使你的一切努力都变得毫无意义。

Chapter 5

女人不要柔弱，要做受人关注的角色

未来世界，是强者的世界，女人可以有杨柳一般柔弱的外形，但心态上却不能也这般柔弱。好东西都是靠竞争获取的，女人要做现实生活的积极参与者，而不是做“看客”和“观众”。

很多女人都有做事被动的缺点，不愿“往前排站”，这会使她们失去很多本来是属于自己的东西。女人如果想在自己的生活中获得更大的收益，就应该大大方方地亮出自己来，让那些可能影响你命运的人发现你、赏识你，从而改变自己命运的走向。

练就一技之长，让生活精彩起来

有句话叫作“长得漂亮不如活得漂亮”，的确，女人出身可以很普通，相貌可以很平常，但是决不能让自己活得很平淡。

现代社会，满眼所见都是聪明人，都是修饰得体的淑女，如何在人群中亮出自己的风采，可以说是个不大不小的挑战。

想想看，你身上除了性别、年龄、工作、职位这些固定的描述，还有什么更能代表你这个人呢？是特长，也就是说，是别人都不行而你行或者别人都行而你更优秀之处，提起这项特长，熟悉的人都可以不约而同地和你联系起来。专业特长的影响是显而易见的，在每一个组织里，搞技术的人总有自己不可取代的位置。除此之外，就是在生活中培养起来的特长，比如体育和艺术，它们有时候看似没什么，其实却最能体现一个人的个性魅力。

一家广告公司的员工年底聚会时，大家都展示了自己的特长。他们中有的人会弹手风琴，有的会吹萨克斯，有的会唱歌，有的会跳舞，而且水平都不错。平日里看起来并不起眼的人，这时也变得风采动人。尤其一个叫 Sunny 的女人，会跳民族舞，会弹吉他，她虽然长得不漂亮，可是身上很自然地流淌出一种魅力，很多人都喜欢她，因为她确实足够自信和优秀。拥有特长的人，不论男人还是女人都更加受别人的尊重和欢迎。

不要以为特长只是一种华而不实的东西，事实上，特长就是你的特色标签，让人们发现你、记住你，在这个过程中，一些本来可能降临到你身上也可能降临到别人身上的好运气，就很可能降临到你身上。

于佳的口才很好，在学校的时候，她就经常在各类的演讲比赛中获奖，成了学校里的风云人物。毕业那年，于佳也是凭着这样一项特长进了一家知名公司的公关部。在公司里，于佳的特长得到了淋漓尽致的发挥，不论是应酬客户还是在公司内部搞活动，她的话总是富有感染力，让听者不知不觉就赞同了她的观点。每到逢年过节公司内部的联欢会上，于佳都担任主持人，在公司里，于佳是公认的才女。因此，她在公司发展得很好，提升得也很快，短短三年，于佳就是这家知名公司的公关部经理了。

女人没有自己的一技之长，想从人群里脱颖而出是不容易的。“特长也是竞争力”，如果你想让自己在竞争激烈的社会中拥有更多的竞争力，如果你不想只做一个平常的女人，那就应该关注自身的成长，让自己尽量拥有特长。

特长的另一个作用，是可以让你以一技之长会尽天下之友，除自己的同学圈子、职业圈子之外，再拥有一个同好者的圈子，接触各行各业的人，开阔眼界，增加阅历。

文蔷的爱好与众不同，作为一个妙龄女人，她偏偏爱上了汽车，以在外企的高薪做底子，她筹款买了一辆帕萨特，宝石蓝的颜色，流线型的车身，文蔷简直爱不释手。一有空闲，她就缠着做记者的男友陪她练车技。功夫不负有心人，一年下来，文蔷的技术进步很快，一些搭过她顺风车的男同事，对她的车技也赞不绝口。一时间，大家都知道公司里有个车开得很好的女人，连老总见了她，也要格外打招呼。

练好了车，文蔷加入了一个爱车俱乐部，她感觉自己像一条鱼回到了大海里，交往的圈子一下子扩大了几十倍，朋友们来自各行各业，带来了营养丰富的信息。文蔷觉得，俱乐部里的人有年轻的，也有年老的，有的是商界前辈，有的是青年才俊，性格、情趣各有不同，细细品味，是种难得的享受。在这种环境里待久了，人也变得更加从容、练达起来。

那些懂得去培养自己特长的女人，都是聪明、勤奋且上进的女人，她们懂得如何使自己的生活更加丰富多彩，而且她们也确实通过特长在一定程度上改变了自己的生活。

当一个女人立足于社会，要努力把自己推销出去的时候，笼统而泛泛地向别人介绍自己，并不一定能给人留下太深刻的印象，除非你异常出色，或者你立刻就有表现的机会。而“强化”自己的特长，不但能给人具体而直观的感受，也更容易引起别人的兴趣，体现出你的卓尔不群。

命运私语

女人在年轻时要尽早练就一技之长，有了一技之长，你的存在才会有特色，在人群中才能不时突出自己，你才更有自信，获得更好的发展机会。

努力往前排站，女人应尽情展现自己

女人最大的缺点往往就是做事被动，不愿抛头露面，这是传统女性的“遗迹”。我们应当抹去这些印记，做一个具有现代意识的新女性。未来的世界，就是一个明星的世界，会有更多的人进入公众的视野，而不是永远生活在一个缺乏关注的角落。所以，我们强调要做生活的主角，做现实生活的积极参与者，而不是做“看客”和“观众”。

英国第一位女首相玛格丽特·撒切尔夫人，自小就受到严格的家庭教育。父亲经常向她灌输这样的观点：无论做什么事情都要力争一流，永远做在别人前头，而不能落后于人。“即使是坐公共汽车，你也要永远坐在前排。”

“永远都要坐前排”是一种积极的人生态度。在这个世界上，想坐前排的人不少，真正能够坐在“前排”的却不多。有许多女人，基础很好，才华横溢，但在她所服务的单位却一直默默无闻，做些吃力不讨好的工作。之所以会这样，主要是因为她们没有抓住表现自己的机会，不敢在“前排”亮相。

在你的职业生涯里，最有说服力的，不是你做了什么样的工作，而是你在人前拿出了什么样的业绩。即使你才华出众，工作不辞劳苦，没有被上级发现，也始终是可有可无的小人物。

孙瑜在学校时是有名的才女，琴棋书画无所不通，专业成绩更是无人可比。大学毕业后，在学校的极力推荐下她去了一家小有名气的杂志社工作。谁知就是这样一个让学校都引以为豪的人物，在杂志社工作不到半年就被炒了鱿鱼。

原来，在这个人才济济的杂志社内，每周都要召开一次例会，讨论下一期杂志的选题与内容。每次开会很多人都争先恐后地表达自己的观点和想法，只有她总是悄无声息地坐在那里一言不发。她原本有很多好的想法和创意，但是她有些顾虑，一是怕自己刚刚到这里便“妄开言论”，被人认为是张扬，是锋芒毕露；二是怕自己的思路不合主编的口味，被人看作幼稚。就这样，在沉默中她度过了一次又一次激烈的争辩会。有一天，她突然发现，这里的同事们都在力陈自己的观点，似乎已经把她遗忘了。于是，她开始考虑要扭转这种局面。但这一切为时已晚，没有人再愿意听她的声音了，在所有人的心中，她已经根深蒂固地成了一个没有实力的花瓶人物。最后，她终于因自己的过分沉默而失去了这份工作。

你是否也有类似的经验：有些同事在会议中总是非常踊跃地发表意见，滔滔不绝，似乎有备而来。事实却可能是：他对提案没有你熟悉，而且你手上准备的资料也比他更周全，但你从没有机会表达你的意见，结果主管不知道你的存在，更难想象你的专业程度。我们常说沉默是金，但也不要忘了，沉默同时也是埋没天才的沙土。

在社会上，女性本来就是弱势群体，你再不积极争取幸运的机遇，离一个好命的女人的大目标只会越来越远。

要在社会竞争中获胜，我们可以从多种角度去考虑，什么地方，什么行业，什么活动机会最多，更容易帮助自己成功。有了这番考察之后，就要积极主动地参与其中，要会抢“镜头”，做“焦点”人物。

当你大胆地表达自己的看法，推出自己的成果时，肯定会吸引众多的目光。也许在一开始，你会觉得这比自己默默无闻时少了许多“自由”，但作为成功者，被众人所瞩目是必然的。也正是因为如此，你对自己的要求会逐渐提高，这也是你进一步成长的动力。一般来说，坐在“前排”的人物，表现的舞台会更大，成功的机遇也会更多。

今天的世界，已经有了足够丰富的物质财富来奖赏更成功的人。但没有人会将这一切拱手奉献于你。所以，我们每个人都应该努力给别人一个尊敬你、欣赏你、发现你、肯定你的机会。只要你成功了，一切美好的词汇都属于你。

也许有人会问，每一个人都想成功，而成功的机遇非常有限，竞争非常激烈，在竞争中败下阵来怎么办？其实，成功的机遇是无限的。这一次不行，还有下一次，努力过不一定成功，可是如果不敢表现自己，别人是不会主动将荣誉的花环戴在你的头上的。

命运私语

有很多工作多年却一直默默无闻的女人，并不是因为本身能力的问题，而是因为她们过于低调，从来不敢表达自己，以至于彻底被人遗忘。

更多的机会藏在沟通与交际中

在生活中，你会看到有些女人并不具备可以称道的背景，专业技能也算不上出类拔萃，但是她们所取得的成就，却是一些基础条件优越的女人所无法取得的。当然这里面有多方面的原因，但是有一点绝对不可忽视，那就是她们可以信托的关系更多，更懂得如何与人合作。丹尼尔·戈尔曼在其畅销书《情商》中指出，这些复杂的思考、沟通和社交技能对于生活中取得的成果，常常比传统的智商和职业技能更重要。

越是在男人成堆的地方，女人的交际手段越能发挥重大作用。心理学家早已证实："男人的成功一般是通过实际的竞争取得的，而女人的成功则往往是通过交际联络取得的。"女人应善于运用你这方面的优势，但同时也要注意，过分的优柔和周旋，有时也会误事。发挥自己温柔、机敏、富于亲和力的一面，有时候只需要寥寥数语。

江春晓原是一个地方电台的见习记者，后来应聘做了一家大企业的部门主任，薪水和待遇都很让人羡慕。认识她的人都知道，她相貌普通，又没有任何骄人的学历，当初她何以在数十个应征者中脱颖而出呢？

原来她在接到面谈通知时，立刻找人了解了这家企业创办人的生平背景。

她发现这位企业负责人，早年进过牢狱，这些不足为人道的事，江春晓暗记在心。同时她知道这个大老板在出狱后，从一个路边的水果零售店做起，后来涉足建筑业，最后才有了现在的大企业。

江春晓在面试时说："我很希望为这种组织健全的大企业效力，听说您当年只身南下闯天下，由一个小小的水果摊开始，到今日领导万人以上的企业……"

那个大老板有段不堪回首的牢狱生涯，所以从不愿提起过去。不料江春晓能避开那不光彩的一面，直接把出狱后的创业和他南下闯天下连起来，这样他就名正言顺地说起了他的成功史，不知不觉超过面试时间了，大老板还意犹未尽。

当你的个人力量还十分弱小的时候，一次良好的合作机会，会给你事业的发展提供有力的支持。请教和拜托别人，意味着不走弯路，能够积极地解决问题。因此，敢问人，敢求人的人，多数都有主导性的人生态度。女人如果想在自己的人生中获得更大的收益，应该学会主动与外界进行有效的沟通。事实上，不仅仅是在你的职业生涯中要与人合作、互利互惠，女人在人生的许多转折点，都需要他人的一臂之力。

在美国成功学大师托尼·罗宾斯的一个名为"命运之约"系列讲习班上，他告诉大家："如果你将目标当作了秘密，那么你就会忽视能够提供帮助的社会。"

托尼将学员们分成了几组，让大家说说各自当年的最大梦想或目标。当所在的小组集中在一起时，安妮塔犹豫着宣称："我想写一本关于女性投资的书，叫《精明女人理财之道》。"10 分钟之后，当小组成员都散开后，一件不可思议的事发生了，一个叫维姬·圣·乔治的女人轻轻拍了拍安妮塔的肩，她说："我刚才听你说想写一本女性理财的书。我与托尼一起工作了 10 年，我现在自己经营了一家写作公司。我想和你合作，帮助你把这本书写出来。”

3个月后，安妮塔与维姬合作，在她的帮助下完成了这本书的写作计划，这个计划发挥了举足轻重的作用，使安妮塔赢得了全美最有名出版代理商的青睐。

事实上，主动绽放你的微笑，伸出你的双手，是交际艺术的一个重要方面。在参加聚会的时候，留心观察一下，你会发现有一种现象：重要的人总是先主动介绍自己。人与人之间的相互交往、相互合作往往是从一次愉快的谈话开始的。

现在的女人早已走出了封闭式的小家庭，在社会上和形形色色的人公平竞争、开创自己的生活。古人云：“在家靠父母，出门靠朋友。”无数事实证明：你的专业本领往往只能给你带来一种机会，而交际本领则可以给你带来百种、千种机会；专业本领只能利用自身能量，而交际本领则可使你利用外界的无限能量。认识到与人合作的重要性，主动争取与强势力量合作的机会，是女人走向成功的一条捷径。

命运私语

一个机灵、能说会道的女人要比只会傻笑的女人更受人喜欢，女人在与人相处时，要尽早摆脱学生时代的青涩，要敢问、敢说，会与人打交道，这样才能获得更大的收益。

亮出你的修养，让男人肯定你的价值

在女性面前，男人的情绪很容易被调动起来。每一个女人都具有天生的无穷的魅力，只要你刻意发挥它，就能成功吸引异性，也能让同性对你表示友善。随着时代的改变，现代的女人不但不应该扮演冰山美人，板着脸孔，反而应该善用与生俱来的女性魅力，和男性和平相处，和谐的氛围再加上本身的实力，会使你的人生之路平顺得多。

但是值得注意的是，以自身的女性魅力化解矛盾、加强联系，和利用美色获得成功完全是两码事。女人的好命，是获得更好的生活为原则的，如果为了一时的利益而丢掉了自己的立场，那就是舍本求末了。

卢小姐虽不是百分百漂亮，可在她所工作的某汽车集团写字楼里还是颇为出众的。虽说只是一个办事员，可她常常在老总面前晃悠，不时地给老板的杯子里加点水，露出妩媚的笑容，这自然引起了一些领导的注意，便不时地带她出入社交场所。然而，她对其他的同事却没那么热心了，还常为工作上的分工和配合闹矛盾，人们对这位“红人”颇有异议。可她却不在乎，因为她得到了其他同事得不到的好处——单位出境的名单里常有她的大名，出差报销额度大大超标也照报不误，职位也比别人晋升得快。不久前，集团人事变动，她觉得大树已倒，而自己树敌又过多，就调到了另一单位，可对她的传言也很快传到了新单位，自然只有负面作用。

应该说卢小姐错用了自己的性别优势，取悦了一两个权力在握的男性，可却引起了其他人的不满和藐视，虽然得到一些眼前小利，可对自己的长久发展却留下了败笔。要知道，并非所有的男性领导都喜欢女下属嗲声嗲气，总有押错宝的时候，何况人不可能青春永在。

所以说，女人在利用自己的性别优势谋取利益时不能不考虑清楚，天下没有免费的午餐，如果你要得到更多的实际利益，必须付出更高的代价，而这可能会搅乱你的生活节奏，难以获得长久和稳定的发展。

如果你需要的是长久的成功与财富，凡事都要按规矩来，事实上，并非那些身居高位的男性都喜欢女人献媚，当他们冷静下来的时候，会明白一个花瓶和一位好职员孰轻孰重。

子瑜在深圳一家公司做销售，一次，她和另一位职员随公司老板到北京参加全国进出口贸易会议。半个月的唇枪舌剑，他们协助老板争取了不少订单。正准备凯旋时，老板忽然决定，派那位职员去湖北开拓市场。

送走那位同事，子瑜与老板一起等宾馆服务员送当天的火车票。很不凑巧，当天的车票没有了。

当晚，子瑜与老板一起用餐。服务小姐端来几盘菜和一瓶白兰地。子瑜为老板斟了一杯酒，他也准备为她斟酒，子瑜谢绝了。他们边吃边聊这些天接触的人和事，两人均有一种旗开得胜的喜悦。忽然，老板话锋一转："明年的出国学习，你是否愿意去？"

子瑜笑答："我恐怕不够资格。"

"问题是你自己想不想去。"老板的话容不得子瑜兜圈子。她实话实说："当然想。"

"女人想干一番事业是要付出代价的，特别像你，有才气，又有高雅的气质。"说到这里，老板依旧泰然自若，像是在生意场上稳操胜券似的。

子瑜明白了一切，但还是克制住愤怒。

她淡淡一笑："如果那样，我宁愿过平淡的生活。"

"你不用发展的眼光看自己？"看得出，老板脸上掠过一丝阴影。

子瑜赶忙转移这个棘手的话题："出来这么多天，不知您爱人和女儿怎样？"她想让他明白自己的身份和责任。

回到公司后，为避免日后工作中的尴尬，子瑜提交了一份辞职报告。但是老板并没有批准。更令她意外的是，出国学习的名单中竟然有她。子瑜说不清老板对自己怀有何种心情，但是在漂泊生涯中成熟起来的她，能够理解一个男人的一时冲动，相信老板也从她的行动中，理解了一个打工女人在名利面前的理智。

有很多女性误以为只有讨得能够决定自己命运的人的欢喜，才能一帆风顺地走下去。其实这是一个严重的错误。如果你的命运取决于他人的喜好和情绪，那么，你的运气再好也有限。因为今天他可能喜欢你，明天也可能喜欢许多你的同类，你始终不是自己命运的主人。靠别人的庇护永远长久不了，你的素质以及你对生活的认识，将最终决定你的价值。

命运私语

如果你需要看某一个人的脸色生活，他的喜怒哀乐都将对你的命运产生影响，那么，你的运气再好也有限。无论在何种情况下，靠自身的素质吃饭，这种饭你才能吃得长久和安乐。

只要不自弃，相信没有谁可以阻碍你进步

大多数女人做事情时，缺少一股冲劲儿。比如说，她们要涉足一个新行业或者开始一个新项目时，如果有人说“这里面风险太多，很多人都曾经失利”，或是“这个难度太大，希望很渺茫啊”，那么，她们很可能会打退堂鼓。最低限度，也要翻来覆去地问自己：“他们都说不行，是不是就有不行的道理，我可别盲目行动啊！”

真的不行吗？行不行要用实践来检验，没有尝试过，甚至前期的准备工作还没做就放弃了，多么可惜啊！

“人活一口气”，一旦我们失去了自信，就违背了自己的本性，不敢肯定一切，人生也就没有了根。我们会消极、迷惘，不知道自己该干什么，一遇到不利于自己的情势，就会畏难发愁，甚至逃避，结果，无论多么好的机会摆在你面前，你都抓不住，最终一事无成。

生活就是这样，有时决定你成败的不是能力的高低，而是你是否有信心，是否有一股一往无前的气势。

邓亚萍这个名字在我国可谓家喻户晓。她是乒坛的“大姐大”，打起球来出手快，攻势凌厉，左推右挡，勇不可当，往往只几板就把对方制服了。

邓亚萍4岁多时便表现了一种“铁娃”本色，平时拼拼打打从不哭闹，并且玩什么都格外专注。这些都被在河南郑州市体委任乒乓球教练的父亲看在眼里，喜在心头，认定她是一块搞体育的好料。于是，父亲便“就地取材”，精心地培养自己的爱女。

一晃5年过去了，邓亚萍在父亲的调教下，乒乓球技术已达到一定水平。为使她能得到更多的培养，父亲将她送到河南省乒乓球队去深造。然而，去后不久，便被退了回来，其理由是个儿矮，手臂短，没有发展前途。这在邓亚萍少年的心灵上留下了一道深深的伤痕。令人欣慰的是，在父亲的鼓励下，倔强的邓亚萍并未因此一蹶不振，相反，练得更加刻苦，并发誓有朝一日一定要拼出个样子来。

机会终于来了，1986年是邓亚萍人生重大转折的一年。那一年，年仅13岁的她，临时顶替河南省代表队一名生病的运动员参加全国乒乓球锦标赛。赛前教练们对她并不抱有什么期望，要她顶替上场纯粹是为了不使该队“弃权”。出人意料的是，这个名不见经传的矮个儿姑娘竟然接连击败了耿丽娟、陈静等当时很有名气的国手，一举登上了冠军的宝座，爆出了此届乒乓球赛的最大冷门，成为一匹引人注目的“黑马”。

赛后，这位被判为“无发展前途”死刑的小姑娘，成了当时国家乒乓球队副教练、女队主教练张燮林手下的一名弟子。从此，邓亚萍在中国体坛的圣殿里将那股在逆境中练就的“铁娃”本性表现得淋漓尽致，其运动水平大大提高，经过各次大赛的历练，最终登上了国际乒坛女霸主的宝座。

邓亚萍有一段描述自己心理感受的话很感人肺腑，她说：“我并不相信命。每个人的命运都掌握在自己手里。有人说我命好，为世界乒坛创造出了一个常胜将军的奇迹。我觉得，我可能天生就是打乒乓球的命，但上帝不会将冠军的桂冠戴在一个未真诚付出汗水、泪水、心血和智能的运动员身上，我自己满身的伤痕就是证明。体育运动之所以魅力无穷，一个重要的原因就是它充分展示了人类不屈服命运、永不停息向命运挑战的精神。”

人生最可怕的，是自己不相信自己能行，被动地接受命运加诸于身上的一切。生活中的困难和阻力随时都在，说你“不行”的声音也随时都有，这些都不重要，重要的是你怎样认识自己。

每一个不甘平凡的女人，都不要被别人的论断所左右，从而放弃自己的追求。即使在平常的生活中，依然需要我们面对外界压力的勇气。

台湾娱乐圈的名人小S，是一个大大咧咧、口无遮拦、敢爱敢恨的女人。她从不在乎别人怎么说她，是夸她还是骂她，是喜欢她还是讨厌她，她统统都无所谓，她就是要做她自己。她曾经勇敢地说：“从我有记忆以来，我就认为自己很漂亮，即使有那么多人说我姐比较漂亮，我也完全不把她当一回事，我很诚心地投入在自己是美女的世界里。”有多少女人能够在自己还是丑小鸭，在自己最不美丽、最自卑时，说出这样的话，在姐姐光彩的衬托下依旧如此自信？

别人的眼光和议论，你不必太在意，我们又何必介意那些属于我们生命以外的一些东西呢？我们应牢牢把握的只是生命本身，如果我们一直活在别人的目光下，那么属于我们自己的人生还有多少呢？

毕竟我们在属于自己的人生道路上昂首挺胸地一步步走过，只要认为自己做得对，做得问心无愧，就不必在意别人的看法，不必理会别人如何议论自己的是非，把信心留给自己，永远向着自己追求的目标，执着地走自己的路。

命运私语

一个人是“行”还是“不行”，不是听别人怎么说，而是看自己怎么做。总是战战兢兢，等别人给自己打分的女人，成就再高也有限。

不要拿你的柔弱和委屈当武器

“人善被人欺，马善被人骑”“吃柿子拣软的捏”，这些充满形象比喻的语言用一句大白话来说，就是“老实人吃亏”。

有一些女人，或者由于天性柔弱，或者由于过多地听从了师长们女人要“温良恭俭让”的教导，她们遇事总是一忍再忍，一让再让。结果呢？人们会不会因为她们的平和软弱就以同样的态度对待她们呢？不，这样只会纵容一些小人的脾气，让他们更加肆无忌惮。

人们发火撒气往往找那些老实善良者，因为大家都清楚，这样做并不会招致什么值得忧虑的后果。在我们身边的环境里到处都有这样的受气者，她们看起来软弱可欺，所以，总是处于受侵犯、受损害的位置。

如果在你身上也存在这种情况，转变做人的态度是十分重要的，不要过分老实软弱以致对所有人都心怀敬畏。没有谁能超越人性的局限。杀人犯也怕被杀，权威只是一时的地位带来的表面力量而已。人应该有锋芒，虽然不必像刺猬那样全副武装，浑身带刺，至少也要让那些凶猛的动物感到无从下口，得不偿失。

当年“台湾”作家三毛到西班牙读书时，不忘记父母叮嘱的话，凡事要忍让。但是一来二去，四人宿舍的内务全归她做了。三毛每天要擦桌子，挂好别人丢下来的衣服，擦地，清理隔日丢在地上的废纸。这且不算，三毛一大柜子的漂亮衣服就成了大家的公用品，每天有不同的女同学来借衣服，三毛忍着气给她们乱挑，一句抗议的话也不说。

渐渐地，舍友们更过分了，各种杂事，都支使三毛去做，好像她天生就应该为大家服务。一个拥有礼让美德的中国人，在异国他乡却受到这种不公平的待遇，三毛的心情非常低落。

在一个晚上，宿舍的女人偷了弥撒的甜酒，统统挤到三毛的床上喝酒叫闹。三毛忍无可忍，站起来把窗子“哗”地一下拉开，好似雷鸣一样的声音招来了院长。她在没有弄清是非的情况下，就大声训斥起三毛来。

三毛连日来的委屈和愤怒一下子像火山似的爆发出来。她冲出房间，跑到走廊上看到扫把，拉住了扫把又冲回房间，对着那群同学，举起扫把来开始如雨点似的打下去。扫把被人抢下后，她举起桌子上的大花瓶，对着院长连花带水泼过去。

这次事件发生之后，三毛不肯道歉，也不肯忏悔，冷冰冰地对待所有人。但奇怪的是，宿舍的女人反而礼貌多了，当初借出去的衣服都还了回来，打扫卫生的事儿，大家也都主动地去尽义务。三毛以激烈的反抗，给自己找回了公平。

如果你是一个从不发火的乖乖女，那请务必勇敢地进行一次真正的反抗，改变“受气包”的形象。许多女人习惯了忍气吞声的生存方式，往往是由于她们患得患失，怕这怕那，自己在主观上先被吓倒了。而无数的事实证明，挺身而出，捍卫自己的正当权益其实是再自然不过的事了，跨过这道门槛，你会发现，没有什么大不了的。转换了人生态度，你反而会活得更自在。

不敢进行第一次反抗，就不会有第二次反抗的发生，因为你永远不知道反抗胜利的滋味有多么好。而有了第一次的反抗，尝到了其中的美妙，你自然就有动力去进行更多次的反抗。久而久之，你就会修正你的心理模式和社会交往方式，由一个甘心受气、只能受气的人，变成一个不愿受气的人。

动物世界里的法则是弱肉强食，其实对于人类来说，也未尝不是如此，只不过它在人类社会里不那么赤裸裸罢了。许多内心软弱的女人认为："人欺天不欺"，自我安慰老天爷终究是不会亏待自己的。这种阿Q式的精神胜利法会使外人觉得你逆来顺受，天生老实可欺。任何事都怕成定式，一旦造成这种结果，你就像立在田地里的稻草人一样，连小鸟都敢在你头上拉屎。如果你心中因此而感到窝囊，就勇敢地站出来，维护自己的权益，否则，你的处境只能越来越糟。

命运私语

欺善怕恶是人性中恶的一面，这是一种无法改变的事实。那些经常受人欺侮的软弱善良的女人，与其患得患失，怕这怕那，不如勇敢地站出来维护自己的利益。反抗的美妙滋味，会成为你逐步找回自我的动力。

Chapter 6

聪明女人别吃亏，多给幸运积点分数

有时候，女人明知往前走一步，就会看到更美的景色，但战战兢兢的心理总会让她们难以迈开自己的步子。聪明的女人不要吃自己的亏，要早些突破坏习惯的束缚，修正错误观念，不让自己屡战屡败。

女人以睿智的眼光看待此时此刻的人情世故，就会发现人生拥有不同的解法。将自己的视野打开些，这时你会发现，可做的事情其实有很多，可以改变命运的方法也有很多。

女人不要等撞了南墙再回头

我们在处理事情的时候，经验的作用是不可小视的。这也就是说，你会按大脑资料库里储存的东西，给当前的事件定性，然后再把以前解决问题的方法，套到这个事情上来。说起来很麻烦，其实在我们头脑里它只是一个下意识的选择，事情一发生，你会想："哦，这个我熟，如此这般，就可以搞定了。"

思维定式当然也有它积极的一面，它可以帮助女人迅速解决问题，但是你如果陷到某种"定式"里出不来，它就成了束缚我们创造性的枷锁了。

有一个小故事，很能说明问题。

有一个边防缉私警官，每天晚上总看见一个人推着一辆驮着大捆麦秸的自行车，朝边防站走来。

每天，警官都会命令那人卸下麦秸，解开绳子，并亲自用手拨开麦秸仔细检查。尽管警官一直期待能在麦秸里发现些什么，却从未找到任何可疑之物。

这天晚上，警官像往常一样仔细检查完麦秸，然后神色凝重地对那人说："听着，我知道你每天都通过这个关卡干着走私的营生。我年纪大了，明天就要退休了，今天是我最后一天上班，假如你跟我说出你走私的东西到底是何物，我向你保证绝不告诉任何人。"那人听了对警官低语道："自行车。"

"啊?"警官愣了半晌才醒悟过来。

这个缉私警官的视线完全被那一大捆麦秸吸引了，可以说是受阻于走私者隐藏赃物的定式，而忽略了正面驶来的自行车。也许换一个角度考虑一下问题的始末，他就会恍然大悟了，这就是思维的逆转。

无论是思考如何解决碰到的新问题，还是对已熟悉的问题寻求新的解决方案，一般都需要在多途径地探索、尝试的基础上，先提出多种新设想，最后再筛选出最佳方案。而基于反复思考一类问题所形成的“一定之规”，对这样的创新思考常常会起一种妨碍和束缚的作用。

在我们的社会生活中，女人通常都在扮演次要的、辅助的角色，很难做大自己的人生格局。那么，真的是女人的能力不及男人吗？答案是否定的，女性在事业上不容易开创新局面，和她们的性格特点、思维方式有很大的关系。女人大都是和平主义者，害怕冲突，不喜欢变动，所以在思考问题、解决问题的时候，常常被定式思维束缚了手脚。

影响女人发展的第一种心理障碍，就是贪图安逸的心理。

多数男人都喜欢冒险，喜欢挑战，但是女人则不然，工作的相对稳定轻松是绝大部分女人择业时的首要考虑，即使年轻时曾经雄心勃勃，但是随着年龄的增长，家庭格局的变化，这种思想仍然会回到主导位置。凡事求稳，自然就擦不出思想的火花。比如说，一个站在水边的人要过河，如果他是一个积极进取的人，自然会考虑是涉水、过桥还是找渡船，如何才能得到最快最好的结果，而一个一心只求安逸无忧的女人，首先想到的却是别湿了衣服，别扎了脚。思维一进入死角，对于多完善的方案、多广阔的发展空间都会视而不见，白白地把机会让给了敢打敢拼的后来者。

女人要想在职场上有所作为，就要有一点冒险精神，训练自己逐步接受风险的能力，有尝试，才可能有进步。

女人别总抱怨，这会毁了你的个人发展。

工作碰到挫折时，男人习惯独自消化，他不会向其他同事透露烦恼，也不会表现出自己焦虑的情绪，因为他清楚这对完成工作毫无帮助。

女性比男性热衷于抱怨，习惯私下向朋友或同事表达各种抱怨与烦恼，最后可能全公司的人都知道她经历的挫折。结果可想而知。一个整天只想着“我多干了多少活，少得了多少利益”的人，大脑中还容得下别的东西吗?

再者，女人别总是被动等待好结果的到来。

很多女人都不会努力去争取自己所感兴趣的位置，更不会向上司展现自己的特长与才华。只希望老板有朝一日能够看到你勤奋工作的样子，进而发现你、提拔你，而你在他发现你这位“能人”之前，所做的只是苦苦地等待再等待。

持有这种心理状态说明你是一个对自己能力缺乏自信的人，有极强的依赖性与惰性。如果能够转变一下思维方式，把“等老板发现”变成“让老板发现”，视野就一下子打开了。提起精神之后你会发现，方向更清晰，可做的事情也更多了。

思维的转变，会影响女人为人处世的态度，思维方式理顺了，则一通百通。

命运私语

女人柔弱的天性，使她们在思考问题和解决问题的时候，常被依赖性和惰性所束缚，如果能突破这种思维定式，可走的路就会宽广许多。

不要因为习惯这样而一味这样

尽管从表面上看，习惯是一件毫不起眼的小事，但是就是有许多优秀女人败在不良的习惯上。女人的坏习惯，多表现在做事没有主次、拖延、情绪化等方面。这些习惯往往会制约一个女人做事的步骤和环节，使你最终成为不良习惯的受害者。

有些女人以为习惯是很个人化的东西，和别人没有多大的相干，事实上，在人们的教育程度普遍提高、专业技能相差无几的今天，好习惯也是女人的一种竞争力。

有一个女人去应聘财务经理，路上赶上一场大雨，幸好走得早，又带着雨衣，才赶得上。当来到招聘单位的电梯前时，她取出纸巾把鞋擦净后，把纸扔进了垃圾桶。当她坐在面试经理面前时，经理看完证书之后没问她任何问题，微笑着告诉她，“欢迎你加入我们公司。”

当她不敢相信地看着经理时，经理告诉她：“第一，这样的天气你仍然来了，说明你做人有原则，很守信用；第二，没有迟到，说明你准备充分走得早，很守时；第三，衣服没湿，说明你昨天看了天气预报，来时一定带了伞；第四，刚刚从公司的监控录像看到了你的行为，说明你很有修养、很细心。所以，我们很愿意和你这样的人成为同事。”

事情说穿了，其实也没什么神秘性，同时也没什么难度，但是为什么偏偏有人做得很好，有人的表现却不尽如人意呢？我们只能说，平日的好习惯，就是关键时刻的好表现，只有一向做事周密细致的人，才可以随时展现出让人信服的素质。

行为科学研究表明：一个人一天的行为中只有5%是属于非习惯性的，而剩下的95%的行为都是习惯性的。习惯经过我们的反复行为，会不知不觉变作我们本能的一部分。习惯是一种能左右我们的神奇力量，它决定着我们的成败。

习惯如此重要，可惜的是，在生活中，女人一旦养成了不良习惯，要改变它，往往很难。有些对自己要求不是很严格的女人，甚至会这样说："我这么做事由来已久，可能改得过来吗？"

答案是肯定的，只要女人认识到自己身上有不足，并且拿出切实的行动来，那么坏习惯就会向我们投降。

明代袁了凡博学多才，然而年轻时，他却有诸多坏习惯。有一次，他到国子监读书，临行前到栖霞山拜会云谷禅师。两人面对面坐在一间房里，彻底长谈。

在谈到习惯这一话题时，云谷禅师说："只要人能够从内心做起，就能改掉自己的不良习惯。当然，要想改掉不良习惯，关键在于必须先了解自己的不良习惯是什么。不知道你是否明白这一点？"

袁了凡略加思索，说："我这个人，不能忍耐，也不愿担当大任，别人不对时，我也无法包容，我还性情暴躁，气量狭小，有时又显得妄自尊大，喜欢高谈阔论，想做就做，不想做就不做，还有，我喜欢喝酒，又经常彻夜不眠，也不懂保元气，伤了气身体就不健康，此外，我有洁癖，只爱惜自己的名节，不在乎别人的感受，说话太多、太随便……"

他一口气数出了一大堆自己的缺点，最后叹息一声说："有这么多不良习惯的人，想把这些坏习惯改掉，谈何容易呢？"

云谷禅师深吸一口气说:“所谓‘难者不知,知者不难’,没想到你对自己的不良习惯竟然知道得这样清楚明白,那么改起来就不成问题了。我可以教给你一个用功改过的方法,那就是把自己每天所做的功德和过失一一记录下来,以便知道当天所做的有哪些方面可以改过。”

于是,袁了凡痛下决心,竭力戒掉种种不良习惯,终成一代学者。他写出了多种著作,其中《了凡四训》对后世影响甚广。

看来所谓“本性难移”的说法,其实没什么道理,关键在于当事者自己认识的高度如何。聪明的女人决不能以为习惯既已养成,就听之任之,从现在开始,逐步将你的习惯往正确的方向引导,坚持下去,就会有效果。

让一块地里不长杂草的最好方法,就是在那里种上庄稼。同样,改正坏习惯的最好方法,就是努力培养自己的好习惯。

如果你能有计划地用新习惯来取代旧习惯,那么,旧习惯的改掉就会彻底一些。比如,用阅读代替闲聊和肥皂剧,用“马上行动”代替“拖拖沓沓”,用周密的计划代替随意的做事方式等。这样,坚持一段时间后,新习惯就会养成,而你的整体素质也会随之提升。

习惯是行为的自动化,不需要特别的意志努力,不需要别人的监控,在什么情况下就按什么规则去行动。习惯一旦养成,就会成为支配人生的一种力量,它甚至可以主宰人的一生。对于命运,人人都有很多无奈,都怨恨自身的资质条件不好,却从没想过要从习惯去塑造性格,以性格推动命运。

命运私语

思维方式是否先进与合理，决定着女人的视野与方向；习惯的好坏，决定着女人实际的做事水平。一旦养成好习惯，你的整体素质就会随之提升。

经常反思自己的固定动作是否有益

我们都知道，坚持是一种美德。作为一个起点不是很高的普通女人，追求一生的好运，就要一点一点地努力积累自己的命运分数。只是在埋头向前走的过程中，你应当时常抬起头来看看周围的路径，不能只凭一种惯性奔跑，而忘记自己的目的地在哪里。

有时候，我们只是很茫然地做着手中的事，即使总也看不到成功的希望，也会找出一些并不可靠的理由说服自己，“不这样做，我又能干什么呢?”或者是“再坚持一阵子，有机会再找别的出路”，如此等，直到无数的大好时光白白流逝，年轻的女人也变成了苍老憔悴的怨妇。

有一位女富豪，别人问她成功的秘诀是什么。她毫不犹豫地说：第一是坚持，第二是坚持，第三还是坚持。听的人心里暗笑，没想到那位女富豪意犹未尽，最后又加了一句：“第四是放弃”。

一个追逐财富的女人怎么可以轻言放弃?这里面的道理其实很简单，如果你确实努力再努力了，还不成功的话，那就不是你努力不够的原因，恐怕是努力方向以及你的才能是否匹配的问题了。这时候最明智的选择就是赶快放弃，及时调整，寻找可以收到实效的行事法则。

有两只蚂蚁想翻越一段墙，寻找墙那头的食物。一只蚂蚁来到墙角就毫不犹豫地向上爬去，可是每当它爬到大半时，就会由于劳累、疲倦而跌落下来。可是它不气馁，一次次跌下来，又迅速地调整一下自己，重新开始向上爬去。

另一只蚂蚁观察了一下，决定绕过墙去。很快地，这只蚂蚁绕过墙来到食物前，开始享受起来；而另一只蚂蚁还在不停地跌落下去又重新开始。

放弃，不是自认失败，而是在寻找成功的契机，今天的放弃是为了明天的得到。放弃，也许使女人为期待的目标失去了好多，有些甚至是很珍贵的，可你却不应该后悔，你要知道：没有放弃，就不会有更牢固的拥有和获得。

如果女人以相当的精力长期从事一种事业，但仍旧看不到一点进步、一点成功的希望，那就不必浪费时间了，不要再无谓地消耗自己的力量，而应该去寻找另一片沃土。目标是一种方向，需要恰当地选择。假如你的一个目标发生了问题，应当马上更换一个目标，这样才能挖掘你自己！

如果你曾经以全部热情去爱一个人，而他留给你的，只有冷嘲热讽的打击，或者视而不见的冷漠，那么赶紧向他挥挥手，去寻找一个能与你相互关怀的男人。世界之大，可怜你却被那一片执着蒙了眼，被一个人挡住了全部的阳光。不把你放在心上的人，绝不是你的真命天子，回头之后，当你开始享受爱的回馈、爱的体贴时，就会明白当初那一厢情愿的爱情多么不值。

对于那些南辕北辙的错误，明智的女人会选择抽身而退，另换一个地方建立自己的根据地。而徘徊犹豫，恰恰是女人的陷阱。生活陷入困境之后，她们总是安慰自己说：挺一挺吧，光明就在前面！因为这种自欺欺人的念头，她们一生的大部分时间里，都做着毫无希望的工作，陪伴着同床异梦的爱人。

有位心理学家讲过一个“等公共汽车”的故事，正是这些女人的写照。

在一个公交车站，一群人在等待一辆公共汽车。车晚点了，人们都没有动，又坚持等了5分钟。5分钟后，人群骚动起来，大家东张西望，开始想别的办法。10分后，有人打出租车走了，有人放弃等车回家了，有人干脆步行，朝自己的目的地出发。但是总有一些人，依然在那里等待着，等的时间越长，越是不能放弃。因为这时候再走，他们先前付出的时间就白白浪费了。此时，他们已经忘了自己最初的目的，完全为了等公共汽车而等公共汽车。

因为不舍得先前付出的时间精力，所以又付出了更多的时间精力，看起来这像是一个悖论，可是恰恰有许多女人，就是这样生活的。这里面的难点是，人们一旦踏上某条道路，就很难再重新选择，因为重新选择的成本太高。但当你真的面对心有余而力不足的局面时，最好还是勇敢地走出来。人生忌恋战，有些事，大局既已无望，宜迅速放弃，另谋出路，不可空耗自己一生。

命运私语

女人的好命不是只通过不懈的努力就能获得的，它更需要的是正确的方向和方法。当你处于那种进退两难、不知如何选择的状况时，放弃也是一种智慧。

别在人生的死胡同里沾沾自喜

很多女人以平安、稳定为福，她们只有在自己熟悉的环境中，面对自己熟悉的人群时才会心安，对于陌生的领域，从来都是战战兢兢，不敢轻易涉足。平凡的女人之所以没有大的成就，就是因为她们太容易满足而不求进取，一生只会盲目地工作，挣取只够温饱的薪金。

有成功潜质的女人，永远在不断地改善自己的行为、态度和自己的人格，她们总是希望更有活力，总是希望产生更大的行动力。相形之下，很多女人饱食终日，无所用心，不做运动，不学习，不成长，每天在抱怨一些负面的事情，日子就这么一天天混过去了。

女人要把握自己的命运，这种消极的态度是行不通的。那么，那些终日不敢越雷池半步的女人，最大的心理障碍是什么呢？她们最担心的，也不过是尝试所带来的失败。她们认为，失败之后没法收场，没脸见人，还有，失败可能会导致失去现在的位置，然而，这一切只不过是她们的想象而已，失败非但不那么可怕，它甚至是一种不可多得的人生经验。

25岁那一年，公司里沈芸所在的部门和另一个部门合并，她和一些同事失业了。在这之后，她一直为找工作奔忙。递了数不清的简历后，沈芸终于得到了一次面试的机会。坐在几位考官的对面，她忐忑不安，不知他们要提出多么生疏、古怪的问题。但是这时只见一个人一边翻看她的简历一边问道："哦，你曾经做过销售工作，那么这些年大概碰到过多少总也说服不了的客户?”沈芸心里稍稍有了点儿底，她自信地回答：“到目前为止，我还没遇到过说服不了的顾客。”结果，面试官却提出了一个让她感到意外的问题。“没有失败的经历，就等于没有工作经历。难道不是吗?”一时之间，沈芸不能作出合理的辩解，只好狼狈地离开办公室，因为面试官正好说到了她的弱点。沈芸天生性格比较谨慎，因此只接触有把握的顾客，而且特别害怕失败，不敢大胆地实施自己的计划，以至于直到现在都没有取得让人骄傲的成就。

沈芸虽有几年的工作经历，但社会阅历却不丰富，面试失败后，她第一次因为“没有失败的经历”而感到羞愧。

是的，一个女人如果总是裹足不前，那么即使她从前没有碰过壁，也不是什么值得自豪的事情。失败在给人打击、破坏一个人稳固的成绩的同时，也会让人认识到自己的不足，一天天变得更为强大。在商界或者政界，都有一些屡败屡战最终成功的人物，正是失败给了他们方法、渠道和宝贵的社会关系。可以说，一个人成功的经验和智慧是他在不断的尝试中积累的结果，这才是他一生真正的财富。

杨梅是某名牌大学的毕业生，参加工作后，很想干出一些令人刮目相看的成绩来，以体现名牌大学毕业生的真正价值。但是，接触到实际工作后，她总觉得自己有所欠缺，对完成任何事都没把握——或者欠缺经验，或者专业知识不够完善。因此，她从不敢大胆承担棘手的任务，生怕做不成，有失身份。久而久之，上司对她失去了信心，将她当成一个打杂的人，只交给她一些简单的工作。杨梅也对自己失去了信心，怀疑自己只适合当学生，不适合紧张的社会生活。正当杨梅为何去何从的问题犹豫不决时，一位新上司代替了原来的上司。新上司对杨梅说：“不要找那些不能完成的理由。如果什么事都等到十拿九稳才去干，那就什么事也干不成。行动吧，行动产生奇迹。”对杨梅来说，这是一个良好的开端。一年后，她成了这家公司最优秀的职员。

当你遇到害怕做的事情时，只要敢试一试，就会觉得并没有什么，也没有你原先想象的那么可怕。要积累自己的经验，最好的办法就是亲身体验，这就像学习游泳一样，你需要亲自下到水中才能真正学会。

世上没有什么事能真正让人恐惧，恐惧只不过是人心中的一种无形障碍罢了。因为不敢尝试，使我们裹足不前，错过了许多我们本来应该去做，而且能够做好的事，失去了许多原本属于我们的机会。

命运私语

失败在给女人打击、破坏一个人稳固的成绩的同时，也会给我们带来方法、渠道和宝贵的社会关系。可以说，女人成功的经验和智慧是她在不断的尝试中积累的结果，这才是我们一生真正的财富。

不敢突破，你的生活就是死水一潭

因为环境、际遇的不同，不是每个女人都能拥有幸福安乐的一生。我们所要做的，就是在命运中不随波逐流，“我只能过这样的日子了”“心有余而力不足啊”，这样的思想，会让你永远没有翻身的余地。

也许你目前的生活并不如意，没关系，只要我们不放弃朝好的方向努力的愿望，希望就一直都在。怕就怕在对于人生的困局，先是痛苦和抱怨，慢慢就变得平静和麻木，到最后，竟然把困苦当成一种习惯，连改变的意识都没有了。害怕有所改变，害怕改变引起的波动，因此不敢作出与当前截然不同的选择，这正是导致不幸的主要原因。

一次意外事故，常薇的腿被撞伤了。由于伤情严重，大家把她送进了离事发地点较近的综合医院，但住院不到两天，常薇就发觉事情有些不对劲。

在这家医院里，主治医生基本上不来会诊。不仅如此，粗心的护士们经常发错药，打一次点滴要扎六七次针，病人的手臂都快变成蜂窝了。

家人和朋友来探视的时候，都提出让常薇转院。常薇有些迟疑，她担心这里的医生不给开证明。果然，当常薇的家人提出转院要求时，医生们坚决反对，因此，她也只好在医院继续住了三天。在这段时间里，常薇承受着身心的巨大压力，简直就像蹲监狱一样难受。

第五天晚上，常薇的血管严重红肿，但护士还是无法准确地扎针。常薇的姐姐再也忍不住了，她再次坚决地提出转院，并且告诉医院她要向主管部门投诉。常薇吓呆了，她强忍着疼痛阻止姐姐，怕招来医院更严厉的制裁。但是情况却出乎她的意料，医生们商量一番之后，竟然很快就给她们开好转院的单子。

这只是生活中一个很小的例子，却可以让我们把一些女人的弱势心理看得很清楚。如果坚持和恶劣的现状作斗争，那么大部分人都会克服心理惯性，摆脱不利的境遇。然而，有些女人扭转劣势却需要很长的时间，她们总是劝自己忍耐，等到黑夜退去，自然就会看到明媚的阳光。她们最大的问题在于忘掉了自主，忘掉了自己可以先点起一盏灯。

如果你毫无自信，优柔寡断，丧失远大志向，不敢超越环境和自我，那么你的生活就可能一直暗淡无光。生活中美好的事物历来只和敢于正视现实、迎接挑战、战胜危机的人结伴同行。如果一个人不想断送自己的一生，那么就应该有所作为，有所突破，在征服困难的同时证实自己。

从相夫教子的全职太太到资产过亿的伊利诺依老板，从女护士到董事长，史晓燕仅用七年时间完成了人生的跳跃，最终打造了自己的诺亚方舟。同很多成功人士一样，她成功的背后也有许许多多的故事。

从协和医院护校专业毕业后，史晓燕被分配到了又脏又累的骨科病房。打针送药、端屎端尿，周而复始，工作的艰辛和压力她倒能应付自如，但是每月 70 块钱的薪水、6 毛钱的夜班补助却让她忍受不了。当时史晓燕就暗想：我的理想可大了，我的志愿可大了，怎么能在这儿呢？那时的史晓燕，下了夜班，还在拼命学外语。

1984年，史晓燕没有和任何人商量，从协和医院停薪留职，应聘到一家外企公司做了前台接待。在1984年，跳槽对于许多人来说是一件不可思议的事，时至今日，她当年的同事回忆说：她给我的第一印象：精明、能干、聪明，对任何事反应都很快。她跳槽大家一点儿都不惊讶，她那时就不甘于寂寞，不适合做护士。

工作中史晓燕认识了自己后来的先生，开始了全职太太的生涯。

1989年，史晓燕的丈夫叶明钦到新加坡工作，她再也不甘心做相夫教子的全职太太，先是做起了导游，后来就开始自作主张，在新加坡买房子、卖房子。找着感觉的史晓燕了解了发达国家对家的概念，看过了有品位的、精心设计的家，她迫不及待地要在一个高起点上开始自己的事业。于是，她支付了每年7万美元的学费，到美国芝加哥惠灵顿学习室内设计。史晓燕已经看准了国内方兴未艾的家具业，她同先生一起在机场高速路建起了一座家具厂，以此为起点，史晓燕把自己打造成事业做得风生水起的女强人。

女人要一个台阶一个台阶地逐渐提高自己的层次，做大自己的事业。当你处于一个很低的位置上的时候，你不知道外面的天有多大，生活有多美好，让自己动起来，然后你会看到更多的路，而不是一直被禁锢于一个狭小的空间里。

人的能力是在行动中锻炼出来的，不走出第一步，后面一系列的良性结果也就不可能存在。聪明的女人，如果你今天依然抱残守缺，畏惧生活中的任何变化，那么不妨给自己开一张清单，同时列出利与弊、改变与维持现状的差异，控制心中的恐惧，让自己变得更有行动力。我们唯有不断拓展生存空间，不断地改变和提升自己，才能在行动中谋求适合自己的发展方式。

命运私语

很多女人遇到不好的状况，总会祈祷上天帮自己一把，让自己能尽快从中走出来。她们忘记了，自己的手脚和大脑都是健康灵便的，积极主动地去开创生活，虽然困难会很多，但是你会遇到许多以前根本想象不到的机会。

及时反省和改变的女人进步快

许多时候，理想与现实之间，往往有一定的距离。只要你还在开创自己命运的旅途中，就离不开一个“变”字，这意味着女人可以在一开始的时候确立自己的路线，但一旦遇到意外的情况，发现了新的机遇，应当及时转弯。

这就需要女人根据当前的形势和外部的环境，调整自己的思路，改变自己做事的方法，不要被时代的步伐抛在后面。

古时有个渔夫，是出海打鱼的好手。这年春天，他听说市面上墨鱼的价格最高，于是立下誓言：这次出海只捕捞墨鱼。但这一次鱼汛所遇到的全是螃蟹，他只好空手而归。回到岸上后，他才得知现在市面上螃蟹的价格最高。渔夫后悔不已，发誓下一次出海一定只打捞螃蟹。

第二次出海，他把注意力全放到螃蟹上，可这一次遇到的全是墨鱼。不用说，他又只好空手而归了。晚上，渔夫饥饿难耐地躺在床上十分懊悔。于是，他又发誓，下次出海，无论是遇到螃蟹还是墨鱼，他都要去捕捞。

第三次出海后，渔夫严格按照自己的誓言去捕捞，可这一次墨鱼和螃蟹他都没见到，见到的只是一些马鲛鱼。于是，渔夫再一次空手而归……

渔夫没赶上第四次出海，他在自己的誓言中饥寒交迫地死去。

这当然只是一个故事而已。世上没有如此愚蠢的渔夫，但是却有这样愚蠢至极的誓言。所以，我们必须学会随时去调整。无论如何，人不应该为不切实际的誓言和愿望而活着。

1998年，在深圳打工的文莺以4000元的转让费，承接了别人因生意冷清而转手的名片店。

一次，一位文具店的业务员来推销名片纸，随身的挎包里还插着一大包钢笔、圆珠笔及其他文具。文莺看到这些东西喜上眉梢，她想：自己可以一边印名片，一边卖文具。她在名片店的内墙一侧，做了个精致的文具售货架。开始时，文莺只是从这名业务员手中购进一些文具，零星搭配着卖，谁知到月终一结账，她竟然发现，自己零零碎碎卖文具赚的钱，已经超过了每日辛辛苦苦做名片赚的钱。

文莺立即意识到文具这个小行当里蕴藏着巨大的利润空间。

她将身上仅有的7000元钱全部拿出来批发一些新潮、适用的文具用品。此时，制作名片已退至副业，卖文具一跃成了主业。只不过二十几天，文莺所进的文具就销售一空，赚的钱也是以前的好几倍。于是，她开始周而复始地进货、销货，逐渐地熟悉了文具这个行业，也积累了一些经商经验。到了第四个月，手中已有了20000元存款的文莺将名片店隔壁一间10多平方米的发廊租了下来，改为文化用品专卖店。

经过一年多的风风雨雨，文莺的事业有了长足的进展：1999年，她一口气开了5家连锁分店，并获得了韩国、日本等7家文化用品公司的代理权。

1999年年末，文莺注册成立了“都都文化用品公司”，到2002年8月，“都都文具”已在深圳开了33家连锁店。销售产品从价值几角钱的铅笔、橡皮擦，到价值数千万元的投影屏幕、投影机及整套办公自动化设备，公司的总资产已过亿元，一步一个转折点，由点做成了线。

创造财富、改变命运的道路，绝不是一条单行线。做好命的女人，头脑里就不能有过多的条条框框。遇到问题，我们不应该先考虑“我是做什么的”，而是要想“现在我要怎么做”，根据当前的形势，拿出自己的对策。

女人唯一应该坚持的大原则是赚自己的钱，走自己的路，至于具体的行事方法，则可以视情况而定。如果你只是坚持自己最初的选择，抱残守缺，竭心尽力，那么结果反而会丢掉我们最大的目标。

命运私语

女人唯一应该坚持的大原则是赚自己的钱，开创自己的事业，至于其他的问题，都是枝节问题，这时候你就要变得“随和”一些，按照不同的现实情况，随时调整自己做事的方式和方法。

你长期坚持的或做的不一定都正确

在我们身边——可能也包括你自己，大多数女人的生活状态都是匆匆忙忙的，她们在闹钟的提示中起床、吃饭、工作、回家，从一个地方到另一个地方，事情做完一件又一件，好像做了很多事，但却很少有时间从事自己真正想完成的工作。

意大利学者帕列托曾经提出过著名的“二八法则”，它不但揭示了社会经济上的不平衡，也适用于我们生活的方方面面：20%的产品，或20%的客户，涵盖了约80%的营业额；20%的罪犯占了所有罪行的80%；在家中，无论是地毯还是家用电器，80%的磨损出现在20%的位置；80%的时间里，你穿的是你所有衣服的20%。你所完成的工作里，80%的成果来自你所付出的20%。换言之，我们五分之四的努力——也就是付出的大部分努力，几乎是白白浪费的。这一点一定使你大吃一惊！

那些一开始就找到自己喜欢和胜任的职业的女人是幸运的，可惜的是，有很多女人在真正认识自己之前，都走过一段劳而无功的弯路，付出了大于80%的心力，得到小于20%的收获。

小夏上高二的时候，要分文科和理科。那时，她的文理科成绩都不错，但是她对文科更有兴趣，所以分班的时候，小夏填了申请读文科班的表。可是这时班主任找她谈话，更希望小夏能留下，还留在她的理科班。老师告诉小夏，读理科高考时可以选择的学校更多，而且也可以报考文科专业。于是，小夏转报了理科班。

填报高考志愿时，小夏发现其实理科生能考的文科专业非常有限，而且都有这样或那样的要求，远远没有读文科考文科专业容易。就这样，小夏和自己热爱的英语专业失之交臂，大学里读了数学。那四年，相当痛苦，在数学的课堂上她常常走神。在大学里，她虽然参加了学校的广播站和校报的记者工作，可还是感到很遗憾，没能学习自己所热爱的专业。

后来，报考研究生的时候，小夏毫不犹豫地填报了文科专业。从理跨到文，中间她付出了许多时间和精力，远远比那些本科就学文科的学生要困难许多。读研究生的时候，她为了弥补自己大学四年的遗憾，付出了很大的努力。

案例很简单，可是给人带来的痛苦和麻烦绝对不小。人生有多少个四年呢？时间丢失了就丢失了，再也找不回来。为了不让这种对生命的浪费发生在自己身上，选择之初，女人就要对自己的优势和劣势有准确的认识，经营好你现有的资产。

我们的资产可分为明资产和潜资产，对于金钱、房产、股票、私人公司等明资产，女人都看得清，而对于才华、特长、创造力、幽默感、交际能力、内心动力、积极心态、良好情绪等潜资产，许多女人都看不清，更不懂得如何加以利用。

女人要好命，不需要更多的理由，少做一点错事，就表明你又朝正确的方向前进了一步。

如果你现在正在选择之中，那么不管是不是有迫切的需要，都请尽量抽出时间到职业交流中心看看，收集相关信息资料，转换行业的咨询，同时多与朋友联系，多关心了解社会资讯，才能找到不盲目、适情适性的最佳目标。

对已有职业的女人来说，最忌讳的事便是得过且过，现今的社会是竞争的时代，若你不思进取就会退步。如果目前的工作并非你兴趣所在，也不能发挥你的特长，但你暂时又离不开工作时，就更应该向前看，不妨考虑到相近的工作领域发挥你的聪明才智。下班后多多学习，以储备更多的专业知识和技能，当新的机会来临时，便能轻松地把握。

命运私语

在获取财富的道路上，女人必须明白自己最宝贵的资产在哪里，是名气、资历、独特的天赋，还是性格、心态或者某一种技艺？发掘自己的资产，围绕自己的资产运作，会取得事半功倍的效果。

Chapter 7

比聪明女人要漂亮，比漂亮女人要聪明

在这个世界上，你不是最聪明的女人，也不是最漂亮的女人，但是你完全可以做到比聪明的女人漂亮，比漂亮的女人聪明。如果这样，你眼前的机会就很多，可以利用的资源也很多。

女人可以把握得住的漂亮，是你的娇媚、温柔、情趣、谈吐、姿态等，为你天生的容貌加分，做一个后天的美女；女人可以把握得住的聪明，是知道自己的性别优势，在不同的场合，不同的人面前都表现得既不失分寸，又能为自己争取到最大化的利益。

“女人味”到底是一种什么味道

一个再优秀再漂亮的女人，如果被评判一句“没有女人味”，那么她的魅力就打了很大的折扣。没有女人味意味着一个女人活得枯燥乏味，缺乏女性的天然吸引力。

女人味和年龄、身材和容貌都没有必然的联系，但是有“味道”的女人，在人群里就是那么与众不同。

有一个小笑话：法国的一家旅馆里，一个年轻英俊的绅士误走进一个老太太的房间。他连声道歉：“对不起，我一定是走错房间了。”老太太回答：“那也不一定，只不过迟了30年！”

这是西方的女人味，热情、自信、幽默，即使在年华老去的时候，依然保持着浪漫之心与敏感的性别意识。无论在什么样的时间地点，都乐于把自己的精彩表现出来，对于异性，就形成了一种欲罢不能的吸引。

东方的女人味，则是另一种让男人神魂颠倒的娇羞。

看那些古代话本小说和戏曲舞台上的大家闺秀，虽说一天到晚大门不出二门不迈，但是一旦遇到让自己心仪的少年书生，则无师自通地粉面含春，秋波暗转。这种欲说还休的羞态最让男人心急难耐了，偏偏那小姐转身离去之后，走到拐角处还要回头一笑。那笑容，那背影，能让书生们三天三夜睡不着觉。

无论古今中外，几乎所有的男人都喜欢有女人味的女性，也几乎没有一个有女人味的女人在男人面前不受宠。有味道的女人，是因为知道自己的性别优势，是为了让男人知道女人的风情万种。它包括一个女人的娇媚、温柔、情趣、谈吐、姿态等，是一系列显示女性柔弱娇媚魅力的举止。

生活中，常常有这样一种现象：一个相貌平平的小女人，看不出有什么出奇之处，偏偏她的爱人待她如珠如宝；而另外一些高雅美丽、各方面都出类拔萃的女人，和爱人的感情却平平淡淡，华美的表象之下，是不为人知的苦涩。那些让男人怎么看怎么舒服，怎么疼都不够的女人，最突出的特征是什么呢？

一是娇嗲。自古以来，女人一嗲，男人骨头就软，嗲女人容易被宠、被怜、被爱。女人一发嗲，要求男人做什么事、干什么活、买什么东西男人都没有怨言可发。女人不用吵、不用闹，不用唠唠叨叨，也不必发号施令，只是在男人面前会发嗲，一切心愿都会达成。会嗲的女人少生气，会嗲的女人少发愁，会嗲的女人整天活得开开心心、融融乐乐，眼角的皱纹自然不会生出来。

二是柔弱。这不是说让你丢掉自尊，弱得一塌糊涂而迷失了自己。但是即使你是职场上的钢铁战士，在私密的场合也不能总是端着架子。女人的聪明，不是表现为那种咄咄逼人的锋芒，她应该给男人足够的空间，让他表现自己的坚毅和强大。

三是性感。这里的“性感”是广义的，凡是能充分体现出女性特质的一切，都可以称之为性感。比如，女性的温柔、体贴、善解人意、多愁善感等，当然，也不能忘了独属于女人的风情和浪漫。当一个男人在一个女人面前，感觉到自己更聪明、更坚定、更有力量时，他会满腔热情地去爱那个给了自己这一切的女人，并给她以最温暖的保护。

如果你能按照以上原则修炼，离一个女人味浓郁的魅力女人已经不远了。只是有一点请不要忘记，女人味也正像菜里的味精，量够了就好，太多了，味道也不会鲜美。

很多女人认为，女性的娇嗲就是将声音提高八度，然后把尾音拖得长长的，其实这种看法是不完全正确的，娇嗲也是一门大学问，在面对不同的场合时得有不同的技巧及方法，还得根据现场情况把握好分寸。

女人味的表现，不应该太夸张，通常只要一两个简单的语气词就行了，例如“咦、嗬、哟、呀……”，说的时候再配合肢体的动作，身体要放软，声音要放轻，不能有做作的痕迹。

好命的女人，需要事业的成功，同时也不能忽略异性的娇宠，爱情的美满，生为女性而没有女人味，怎么说也是一种遗憾。在我们周围，那些又娇又嗲的小女人，并非天赋异禀，只要我们卸掉心里的包袱，将自己定位于一个需要宠爱的女人，言语行动上，自然就柔美生动起来，变成一个味道十足的女人。

命运私语

女人不美丽，可能是你的先天因素不够好；没有味道，绝对是你的表现力有问题。女性的味道，包括了她的娇媚、温柔、情趣、谈吐、姿态等，有味道的女人，即使相貌平平，可是她的吸引力并不不亚于任何一个美女。

女人有些时候不能太主动

在这个时代，爽快、果敢而泼辣的女人越来越多，那种以含蓄内敛为美的女人，看起来似乎有些落伍了。在男人与女人的感情世界里，女性主动示爱甚至“倒追”的情形并不少见，当年在小S徐熙娣和许雅钧、张柏芝和谢霆锋之间，都上演过一幕幕女追男的好戏。这些女人有情义、有性格，赢来了不少旁观者的掌声。

女追男并非坏事，但是明星就是明星，她们的行事作风，对于天下众多的女性没有多大参考价值。主动的女人，都是有她自己的资本的，万人瞩目的名气、鲜明的性格再加上貌美如花的外形，男人最终缴械投降也是情理之中的事儿。准备“学习、学习再学习”的后来者，就要掂量一下自己的资本了。

何蓝在一家房地产公司上班，有个大她四五岁的男同事，英俊、有才气，又总是一副彬彬有礼的绅士模样，公司的女人集体找不着北了，何蓝也为他着迷。

何蓝先是给他发暧昧短信表示好感，接着又主动约他吃饭。开始那帅哥不为所动，何蓝就穷追不舍，每天一下班就守在单位门口等他，就这样，他们越走越近，但除了过街时牵她的手之外，这个男人就跟“五好男人”一样，不肯越雷池一步。

与此同时，他对公司另外一个女孩似乎也有好感。何蓝有点着急了，她明白一个道理——先下手为强，后下手遭殃。

不久机会来了，在公司的年终聚会上，何蓝故意多喝了点红酒，然后由帅哥开车送她回家。到了她租住的地方，何蓝腿软得上不了楼，帅哥只好连拖带抱把她送上去。

那晚之后，何蓝正式成为他的女朋友，公司其他喜欢他的女人，只能以艳羡和嫉妒的眼光看着。那一刻，她很得意，也很满足。

此后他们的关系进展不错，同出同进，俨然一对小夫妻。但是半年后，帅哥跳槽了，同时他提出了分手。何蓝虽然是思想很新潮的女人，但这对她毕竟是一种不小的打击。

过了两年，何蓝在超市遇到旧情人，他已经结婚了，太太长相一般，但是看起来一副很温柔文静的样子。何蓝实在看不出她比自己强在什么地方，更不知她有什么魔力可以收服男人的心。

在男女情爱中，最普遍的真理是，男人的动物性强一些，女人的植物性强一些，蝶恋花是正道，花追蝴蝶，就有点力不从心了。男人的动物性，表现在他们更喜欢通过追逐和进攻获取自己的猎物，如果直接把食物送到他们嘴边，他们感觉会不爽，也就谈不上珍惜了。

美国影片《偷心》里有一个情节，女主角问男主角他为什么疯狂地爱着另一个女人，“是因为她成功了吗？”男主角回答说：“不，是因为她不需要我。”

男人就是这样，你越高高在上，他就越顶礼膜拜；你越不冷不热，他越知难而上；你越神秘，他越好奇；你越被动，他越主动；真要有一天，你在他面前一览无余了（无论是肉体还是精神），他反倒摆出一副大功告成的样子，准备鸣金收兵了。

对于中国的男人来说，他们更喜欢含蓄、内向型的女性。开放型的女人虽然可以朋友遍天下，但在绝大多数男性心中，她们容易走近却不容易走进，只可为友却不可为妻。所以，当你对某个男人热情似火时，首先要有这样一个心理准备：“女追男隔层纸”，他可能无法拒绝你的诱惑，但这不代表他从此为你停留。如果你不介意在他的生命里只做一段插曲，那么你可以选择主动接近他，谈一次快速的恋爱；如果你想做主角，想得到长久的爱情，那么还是矜持一些为妙。

别担心这样会使你错过了好男人。假如他是你的同学、朋友或者同事，那么你们的缘分长着呢，何必急于一时。即使是一个漂亮的女人，如果在一个男人眼里缺乏自持的话，她也会变得很丑。相反，即使你外表不是很出众，你有礼有节的风度和自信的态度，会让他相信你是一个魅力四射的女人。最聪明的做法，是以其他名正言顺的理由接近他，让他发现你的优点，然后，你可以稍稍拉开你们之间的距离，吊足他的胃口，唤醒他进攻的欲望。假如你和他只是在咖啡厅、酒吧或其他一些公共场所偶遇，主动搭讪更是不够明智。在你还不了解他的性情和背景的情况下，主动就是冒失，更重要的，在这种场合结识的女人，很难得到他的珍重。天下之大，好男人很多，你只当风景看看罢了，不值得飞蛾扑火似的给自己找罪受。

好命的女人，可以主动去爱，但永远别太主动地“示爱”，即使你们之间的一切机会都是你在暗暗推动，至少在表面上，也让他感觉自己是一个进攻者。

命运私语

那些性格开放，喜欢主动向异性示爱的女人，乍一看是很受男人欢迎的，但是她们的地位也仅仅停留在“受欢迎”的层面。男人对于自己费尽千辛万苦追到的女人，才会倾注更深的感情。

时刻保持靓丽的姿态，才不会错过每个机会

我有一个闺中密友，是一家地方晚报副刊的编辑，长期以"职业美女"自命。她星期天在家大扫除，也要先化个淡妆；下楼买个盒饭，衣服鞋子也要先搭配好了。我们笑她太摆谱，她说："不，机会总是在5秒钟之内降低，没准儿我会在电梯里碰到一个人间少见的帅哥呢？"

这是一句戏言，却至少表明了一些女人的生活态度：对自己的形象不敷衍、不马虎，尽可能地使自己的生活精彩起来。

做美女的意义，在于以美丽约束自己，永远不懒懒散散地混日子。这样的女人，年轻时青春，年老时优雅，"穷困潦倒"四个字，任何时候都和她们挨不上边儿。事实上，即便是在平凡的生活之中，那些衣着得体、容颜干净漂亮的女人，不管是工作还是持家，也都很有一套方法。在她们心中有自己的原则，有长远的规划，处理起任何事情来都有条不紊。相反，那些蓬头垢面、马马虎虎的女人，过起日子来常常是拆了东墙补西墙，在家里算不得一个好女人，走出门去也不会被人看得起。所以说，女人打造自己的美丽，并不仅仅是做给别人看。对自己用心的人，自然会更了解自己，知道自己的长处，从而获得自信。

学会化一个适合自己的淡妆，对于大部分女人来说都非常重要，即便我们没有足够的美丽，但是我们可以有足够的精致。

化妆的目的在于强调脸部的优点、掩饰缺点，并提升自己的气

质。当和人接触时，如果别人看到的是你那张暗淡无光的脸，即使你在其他方面都表现得很出色，也算不上一个完美的社会人。

当女人还年少无知的时候，对于化妆没有太迫切的要求，她们随便穿身T恤牛仔裤，背个双肩包出去，一样青春靓丽，光彩照人。25岁，是一道分界线，30岁一过，仅仅靠化妆已经无法保持完美的姿态，皮肤保养和减肥也逐渐提上日程。

在西方，肥胖的人被认为是“欠缺自我管理能力，因而没有资格成为管理者”。社会生活中，肥胖者在很多方面都受到不利的对待。身上赘肉丛生的女人，容易使人产生迟钝、不机灵、不时尚、脸皮厚等负面的印象。看看那些大公司的女性CEO们，一副精明练达的样子，你就知道机会最为青睐这样的女性了。

如果先天条件不够，我们让自己拥有一副魔鬼身材不容易，但是保持优美的体态还是可以做到的。没有赘肉的生活，是拥有坚强精神的生活。不被食欲这一强烈欲望所左右，不放纵自己，能够坚持运动。品格便包含在这种自我节制的生活态度之中。

按照以上原则修炼，在某种程度上，你已经擦亮了自己的生活。最后应当补足的一点是微笑。

美丽的微笑是发自内心的。微笑时，牙齿微露，双唇轻启，嘴角微微向上弯翘的同时会带动面部肌肉内部完全舒展。因此，人们常说微笑是女人脸上永恒的化妆品。

“回眸一笑百媚生”，说的是女人笑容的力量。然而，并不仅仅限于此，女人的笑容背后还往往孕育着坚实的力量。它能以温柔的方式化解人生各种寒冰，能指引你到达光明，领略生命的最美境界。

如果你经常微笑，你的心情就会好。长期多次重复的表情，就会在你的脸上留下一些痕迹。如果你想今天为明天的魅力做点什么的话，那么你就要尽量保持乐观情绪，你的面部表情会慢慢变得柔和美丽起来。那种最温柔的杀伤力，从此会一直伴随着你。

女性的外表充满魅力，不仅会得到周围人的好感，还会被重视、被注目，从而能够大方自信地行动，表现也会更出色。

聪明的女人应该明白，优美是一种可以学习、可以发展的素质，只要你愿意，就完全可以给自己的外形做主。在电影《窈窕淑女》中，奥黛丽·赫本饰演的那个少女，就成功地由一个出身贫贱、行为粗鲁的女人，经过学习终于脱胎换骨，变得气宇非凡。脱颖而出的美女故事不是神化，只要具备了美感的表露技巧，谁都可以做到。

在实际生活中，也许我们离那种“时代美女”的距离还有点儿远，但这并不妨碍我们为自己界定一个有高度的标尺，以此检查自己，督导自己，严防因精神的萎靡而带来的前途黯淡。

命运私语

女人的外表充满魅力，不仅会得到周围人的好感，还会被重视、被注目，从而能够大方自信地行动，表现也会更出色。

成功男士面前,别丢了自己的身份

当今社会,成功男人几乎就是有钱人的代称。钱是好东西,它意味着自由、尊贵和享受,说不爱钱的女人,不虚假,也有些矫情。

钱的魅力太大,所以有些女人,一看到有钱人的影子,立即头脑发热,脚步发飘,浑然忘记了自己"美女"的身份。

女人的"眼光",说到底便是她给自己的定位,是在人前呈现出的姿态。女人最忌讳的是做路边的野花。迎风点头笑,谁都好伸手摘得。这是自行贬价,再美也是枉然。对男人,一旦抱着"因为你喜欢我,我便感激不尽"的心态开始了第一场约会,把自己降格为一朵野花,除了招蜂引蝶,不会有更好的作为。

要做成一朵高贵的玫瑰,首先你要有玫瑰的作风。

成功男士需要爱情,但他需要的爱情一定要有分寸,因为,女人的爱人是男人,成功男人的爱人是事业。

如果你是一个爱上有钱男人的好女人,那么,建议你和他真诚、坦率地交往,就像和其他朋友一样,不必太拘谨,也不必太"有目的性"。

在衣着装扮上,穿适合你风格的衣服才是最重要的。如果你拿不准自己属于什么类型或者喜好总是在改变,那么走淑女路线最为稳妥。清淡优雅的颜色,简约的款式,最能体现出女性的修养和自信。切不可只为了吸引他的目光,而把自己装扮成一只开屏的孔雀。并不是所有的有钱男人都喜欢女明星一样耀眼的光彩。所以，在你决定以暴露、夸张的装束给对方一个注意你的理由时，你最好有100%的把握——那正是他所欣赏的装束。否则，他会认为你是一个缺乏自信、品位不高的肤浅女人。

也许你已经在心中祈祷数年，希望自己找一个有钱的老公，但是无论如何，你不能主动给他“买钻戒”“如何筹备婚礼”之类的提醒。那样只能加深他的疑惑：我们才约会几次，她就暗示我求婚，莫非她有什么其他目的……瞧，这个男人就这样被你的热情吓跑了。

“送我上楼”“来我家”式的邀请更是糟糕。这些话常常会产生歧义，对女性来说，邀请男性到自己家中小坐，绝大多数情况下并不是一种性的暗示，而是一种友好、信任的表现。但是男性却可能误解，并且在心中勾画从香槟、性感内衣直至床上的好莱坞经典情节。如果你不想让你们的交往过程中出现尴尬的场面，那还是在你家门前礼貌地告别为好。

过快地将两人的关系带进实质性阶段是非常不明智的做法。虽然你可能出于真情，但是对方却会对你的人品有所怀疑，他会认为你和任何人都很随便，或者你不遗余力想和有钱男人“搭上”。肉体关系当然可以使恋爱关系有质的改变，但是没有坚实情感基础的肉体关系往往难以持久。

你越是接近他，越要保持自己的风度。如果交上了有钱的男朋友，就表现出不可一世的样子，对男友的下级雇员和“穷朋友”都瞧不起，甚至会以男友的名义向他的下属下达命令，好像你已经是某某夫人了。这样的言行会给人以小人得志的不良印象，众人的不满之辞一定会传到你男友的耳朵里，如果有一天他突然提出和你分手，你可别怪别人破坏你们的关系。

虽然经常有一些杂志刊登，富翁们的太太如何会花钱而使他们的丈夫产生了更强烈的挣钱欲望云云，但还是建议你不要急于效仿。催促他为你买这买那并不能让他感激你给了他工作的动力。事实上，他会以为你只是一个喜欢不劳而获的女人，至于要不要与你“牵手”，他可要掂量掂量了。

如果你给一个普通男性洗衣、做饭、料理家务，他一定会感激得不得了，作为普通人被人如此关心和宠爱是一件幸福的事情，但是一个有钱男人却可能对你的优点视而不见，他有可能觉得你还不如专业保姆做得好呢。而且，他也不想请你回家为他料理家务，因为你的“要价”一定比保姆市场昂贵许多。

追求丰裕的物质生活并没有错，所以，当你遇上一个令你心仪的好男人时——请注意是好男人，一定要珍惜。但是，和有钱男人交往时一定要有一颗宁静的心，你的浮躁只会令你们的感情越走越远。总而言之，有一句话你必须要牢记——他和你没有什么不同，你们是平等的。

命运私语

一般来说，事业成功的男人对自己身边的女人总要保持一点戒备之心：她和我交往的目的是什么？是不是只对我的金钱、地位感兴趣？所以，那些刚刚找到“金龟婿”的女人，表现得越热情，越容易犯一些低级错误。

“找爱”“等爱”时，不能降低了生活品质

从根本上说，女人的好命，在于自己对生活的认识和对命运的把握，至于遇到了什么样的人，经历了什么样的事，只能使她的命运曲线产生波动，却不能影响它最终的走向。

当我们正式走向社会，从女人、女生变成独立的职业女性之后，下一步，按照固定的模式，应该是碰到你的真命天子，建立起自己的小家庭，做一个好太太、好母亲。

这中间的路，有的女人走得很顺当，该怎么样就怎么样，一切水到渠成。有的女人却鬼使神差一般，由于各种原因，总是晚一步，差半拍，不知不觉间，就成了“剩女”。

好在现在的社会环境宽松多了，对于各种不同的生活状态，大家都持理解态度，“剩女”们的烦恼，主要还是来自自己的内心。

一般来说，“剩女”在全体女性中属于综合素质不错的那一类——最起码的，她们在经济上是自主的，不必理会“嫁汉嫁汉，穿衣吃饭”的老旧观念。所以，她们最主要的问题，是团团圆圆的家庭日难以融入的孤单，是在明亮的镜子里看到自己第一道皱纹的焦虑。30岁，就像一个生命阶段的指标，仿佛即将面临一场考验，结婚与否，成家还是立业，面对这样一个生命的关口，选择的是否正确，将对一个女人下半生的幸福起着至关重要的作用。

做好命的女人，最主要的是要对自己的生命尽责，无论什么时候，都不能丢掉“过好日子”的信心。对于“剩女”——也包括正处

于离异状态的女性，着急是无济于事的，乱嫁是愚蠢的，绝不能产生破罐子破摔的心理，为结婚而结婚。

越来越多的女人认为，男人绝不是她们生活的全部，充其量只是生活的重要组成部分。相对而言，这些女人更重视事业和自己。即使没有固定的男朋友也没什么大惊小怪的，单位里有几个携手打天下的同事，下班后有几个喝茶逛街的闺密，生活一样可以过得有声有色。

男人的分量轻了，工作在我们生命中的分量就可以重一些。工作是经济独立的象征，也是单身女人参与现代生活的一种方式，单身女人在工作中获得了满足感和成就感，在不断的进取和成绩中获得肯定和自我完善。

在个人生活上，单身女人有足够的自由和时间。这种天然的条件，用得好可以使一个人活得更精彩，同时，自由越多，放纵自己的机会也越多，要堕落也是很容易的。要管理好自己的生活，“多读书，多运动；不泡网，不同居”应该是单身女人的基本原则。

作家林清玄在《生命的化妆》一文中说到女人化妆有三个层次，第一层化妆是涂脂抹粉，表面上的功夫；第二层的化妆是改变体质，让一个人改变生活方式、保证睡眠充足、注意运动和营养，这样她的皮肤会得以改善、精神充足；第三层化妆是改变气质，多读书、多欣赏艺术、多思考、对生活乐观、心地善良。因为独特的气质与修养才是女人永远美丽的根本所在。

单身女人最忠实的情人应该是书籍，把书作为自己进步的阶梯，才能一直保持自己的魅力，不同时代脱节。

运动是女人的活力之源。不同的运动，会有不同的感受，也会有不同的收获。很多人相信高档护肤品，但事实上，无论如何鼓吹深层清洁也无法做到完全清洁。只有运动，增加血液循环，通过出汗，污垢才能被彻底清除。

运动有健身美容的功效，事实上，它的作用不仅于此。运动所带来的身体的活力，可以让女人的心态也变得年轻。各种保持形体的健身法数不胜数，随便尝试一种，只要坚持下来都会有效。

现在网络已经成了我们生活中的重要组成部分，它的快捷和便利就不说了，如果你能警惕它的负面影响，不在网络中沉下去，才算真正用好了网络。

据调查，75%的人上网主要是聊天和打游戏，这两种东西是最“吃时间、吃健康”的，工作之余握着鼠标，盯着屏幕，一不小心，就让网络覆盖了你的全部业余生活。赘肉丛生，时光流逝，错过身边的风景，走入把握不定的幻觉。越沉迷，越空虚，你所失去的东西将远远大于你的收益。

对于同居是好是坏，我们也不必进行道德层面的评判。只是这样想想吧，一个没有婚姻保障的女人，整日做着柴米油盐的活儿，还能保留多大的魅力？而且即使是在今天，社会舆论对于同居的男女也不能一视同仁，男人同居，顶多年轻荒唐，并不耽误他以后娶妻生子，步入主流社会。女人吗？进去容易出来难，即使你不在乎人们的目光，也实在不值得为任何一个男人做这种自贬身价的事儿。

单身女人如果能过好自己的日子，保持你的淑女身份，保持你的美丽与活力，何愁凤凰不主动飞过来？

当然，从你个人来说，永远不要丧失对爱情存在的信心，弄明白自己的真命天子——你的那一堆 Mr.Right 大致分布在什么地方，时常过去走走看看，比如，朋友的公司、高级住宅小区、高级健身中心、各类充电学习班……都是你应该格外留意的场所。不要给自己的爱情预设太多的条条框框，要知道有些时候爱情是毫无道理可讲的。

只要你不要太苛求挑拣，摆正心态，正确面对生活，与你匹配的他迟早会出现。说不定下一秒，你就在街头拐角处与他相遇。

命运私语

对于好命的女人，单身只是一种暂时的生活状态。这时候你一定要把握好自己，过一种清爽健康的生活，调整到最佳状态，等待你的真命天子的到来。

有情趣的女人，走到哪里都受欢迎

有些女人五官也很标准，身材也很苗条，可是给人的感觉，总是很“生硬”，很“麻木”，擦不起感情的火花来。她们所缺乏的，是一种生命的情趣。

女人年轻时，不仅要让容貌可人，你的情趣，更是提升魅力的法宝。一个有文化、有修养、有情趣的女人，其魅力可保持终生。

很多人也许会误会，认为没情趣的女性就是那些无知无识的乡下妇人，事实上，情趣更多地表现为一种生命的张力，当一个高贵的知识女性被一种刻板的生活所包围，被一种不变的形象所束缚时，在她的生命里已经出现了枯燥乏味的迹象，如果不作出调整，生活的情趣将离她越来越远。

《飘》的作者玛格丽特·米切尔当年是《纽约时报》的一位版面负责人，她每天应付的就是应接不暇的稿件，以及挑选、组合、排版，一天到晚工作总是满满的，心中的厌倦感与日俱增。

她非常重视自我形象，请专门的形象设计师为她设计，尽管在大家的眼中她确实是个既漂亮又能干的女强人，可她总认为自己身上似乎少了一些东西，却又不能把它确切地说出来，因而对生活也开始丧失兴趣。

后来，在一位朋友的苦心开导之下，她犹豫再三决定休整一下，外出度假，地点就在科罗拉多大峡谷。

当她度假归来后，她的同僚们发现她像是换了一个人一样。

一天到晚总是轻松愉快的，也不再浓妆艳抹，专门的设计师也取消了。而她的形象却似乎更加光彩照人，一种平淡自然的味道总伴随着她。

大家向她打听到底发生了什么事促使她改变，她微笑着说："我是带着一种失望的心情去度假的。可当我一下飞机看到那峥嵘荒凉的群山，苍茫辽阔的大地时，我的心一下就感动了。我似乎又做回了以前的那个乡下姑娘，肆无忌惮地跑来跑去，一切的一切对我来说都是那么新鲜有趣。"

"我光着脚在河边抓鱼，与朋友一起驾车打猎，每天可以睡到任何时候，没有任何禁忌需要遵守，甚至我还披头散发地跑来跑去，我以为那样的形象最和谐，因为这与大自然贴得最近。这就是风度。"

接触一种不一样的生活，可以让女性发现自己，更加喜爱自己，然后以更加充盈的活力与魅力，面对自己的未来。

更多的女性会选择独身旅行的方式度过自己的闲暇时光。她们认为单独旅行不仅处处摄取新知，更是一种自我探索，与陌生的外界相对，绝对能够培养自律、训练自信，感觉生命的完整。只有更多地感受生活形态，才能明白自己真正适合什么样的生活。在与大自然近距离的亲密接触中，女性的自我料理能力将愈加增强，心灵将愈加健康而自由。

为了不让自己的魅力枯萎，女性朋友在开阔眼界的同时，可以选择不同的方式为自己充电。注意时事、关心环境、了解政治、接近人文，新世纪女性拥有热切求知的好习惯，书籍、电影、信息光碟、网络将是她们最好的伙伴。她们认为一个知识与智慧、美貌与才情兼备的女人才会充满活力与信心，也才会真正对男人有吸引力。

退而求其次，女性保持一些健康的嗜好，也会使自己的生命更有一种真实的感染力。当你喜悦地、专注地去做一件事的时候，你的存在才会有特色，你自己才更有自信。有魅力的人首先要有特点，不然怎么能显出你卓然不群呢？其实你爱干什么都行，只要你能干出点特色来就成。

可以爱的东西多的是，可爱的小把戏也多的是，你学什么都可以，只要肯用心就行了。比如，欣赏音乐、搞特色收藏、插花、手工等。只要你平日多用点心，从身边简单的事情做起，就能慢慢培养自己的情趣、品位。

女人有很多美丽的时候，一个专注地做一件事的女人也是美丽的。那些事业有成的男人，当然不希望自己所爱的人是一个很无聊、很乏味的人。他希望看到自己心爱的女人专注于一件自己热爱的事业，哪怕这事业仅仅是冲一杯咖啡，织一件毛衣，甚至是插一个花篮。让他安静地坐下来，沉浸在对你的欣赏中，这难道不是一件很幸福的事情吗？

情趣的价值不是附庸风雅，而是通过善待自己、充实自己，从而使你充满一种与众不同的吸引力。男人的心其实是很奇怪的，如果你一天天无所事事，只想黏着他，他会觉得不厌其烦，但是当你收回放在他身上的心思，专注于自己心中所爱时，他反而会对你充满兴趣。

命运私语

每个青春洋溢的女人，看起来都是那么清纯可爱。但是等她们变成成熟的女性时，有魅力的女人和没有魅力的女人之间的差别却非常之大，年轻的女人着意栽培自己的情趣之美，是让自己永葆魅力的最重要的秘诀。

有自主的能力，就不要让男人负担过多的重量

在两性关系中，女人要获得对等的地位，把握属于自己的那一半控制权，光有“要求”是没有用的，你的行动和表现，能够打一个什么样的分数，将决定着男人对你的态度。

在今天，一种合理的、能够长久维系的男女关系应该是一条河里的两条船的关系。在某一个时间段，它们可以不讲谁先谁后，谁装得多谁拉得少，但是如果总是让一条船拖着另一条船走，中间的那根线就有随时断裂的危险。

一个女人放弃独立，在经济上依靠男人，她在生活中的选择就会减少。当男人不得不在经济上支撑一个女人时，会对这个女人产生怎样的感觉？用不了多久，他就会感觉她是一项额外的负担，而不是附加的资产。

新锐作家《奋斗》的编剧石康有一篇文章，讲的就是“感情”与“负担”之间的关系：

我的恋爱运有点儿背，总是遇人不淑。这些年来，很多姑娘走马灯似的从我身边走过，我曾先后跟5个姑娘相识、相恋。事实上，跟每个姑娘开始交往时，我都觉得挺满意的，但经过一段时间的相处，我对她们当初的美好感觉却渐渐有所改变。

我从未见过她们的钱包长什么样儿，也不记得她们曾经为我做过什么事。她们只是向我展示她们的年轻可爱。男人对这些东西最初觉得新鲜，多看几眼也就很平常了。而且，年轻

可爱有着太多的竞争者，如果女人没有独特的本事，男人的注意力很容易从一位年轻可爱的女人身上，转移到另一位年轻可爱的女人身上。

我曾经对一个女友谈起我要一个人去欧洲旅行，她生气地说："你怎么一点儿责任感也没有，怎么就没想想带着我一起去？"我看着她，内心感到一阵悲凉。事实上，我们曾一起驾车去过小半个中国。她不会开车，只是坐在一边享受音乐和美景；住旅馆时，她只想住豪华酒店；吃饭时，她只吃菜不吃饭，且不知节省……

在我看来，旅行时你可以不出钱，但为两个人的旅程操点儿心总可以吧？我们找便宜旅馆住一住，吃饭时少点两个菜，这总可以吧？然而，每当我拒绝她只要求我尽职尽责的事情时，她都会气愤地说我不爱她。我觉得这跟爱不爱没关系，我拒绝她，其实是在提醒她：你的要求不合理。委婉地指出这一点，正表示我对她的尊重。

不奋斗的女人是不可爱的，或者说，没有奋斗精神的女人，是让男人不敢去爱的。

在今天，男人和女人的角色都在向中性化靠拢，传统意义上的"大男人"，女性不买账，男人自己也觉得累。最受大家欢迎的男人和女人之间的关系，是一种新的"战略合作伙伴"关系，资源共享，优势互补，然后携起手来一致对外。

如果女人认为仅凭自己的青春美貌就可以享有被人照料的特权，那么男人们那种"我只负责我自己"的冷漠，对她将是一种无情的打击。

恋爱中的男女，固然要保持相对的独立，即使处于婚姻之中，"你的"和"我的"，毕竟还是有一段距离的。

对于目前大多数的中国女人来说，感情与事业都是不可替代的。两个人一起努力，日子尚且捉襟见肘的家庭，做妻子的固然必须承担起生活的责任。即便你遇到的是一位成功男士，衣食无忧，面对全职太太式的生活也要慎重选择。

有很多恋爱结婚之前人品才学都很出色的女性，却被看起来十分美满的家庭生活钝化了。在放弃了自己的职位、自己的爱好和朋友圈子之后，她们变成了不再有自我主见的平凡女人，与丈夫之间的差距越来越大。男人们在一开始或者还有很享受家里随时有热汤热水恭候的生活，感激太太作出的牺牲。但时间一久，男人也有烦的时候，也有累的时候，这时他就会完全忘记了妻子是为了什么、为了谁才走到这一步的，他们会以外面风风火火的女同事为标尺抱怨自己的生活："我并不需要一个只会等待补偿的女人，我真正需要的是一位助手、一位伙伴。"

靠老公过日子，老公也就成了老板。碰到好点的，多给两个小钱花花。差点的，说不定就管你三餐饭，买菜还要拿发票向他报销，才不把你家庭妇女当回事。家务是做不完的，洗衣做饭收拾屋子周而复始，很多男人才不承认家务的价值，他想你成天在家里什么也不做还有什么不满意？

支付所有账单的男人不但会告诉你应该拥有什么，而且最终他会开始告诉你应该喜欢什么和不喜欢什么。他不会征求你的意见，而是告诉你：你的意见应该是什么。他们不认为你还应该有自己的想法和喜好。

女人如果沦落到这一步，你的命运看似平静美满，实则极为可悲。不让男人负担更多的重量，不是怕把他压垮了，而是为了让女人保持自己的尊严和自由。

命运私语

一个女人如果在经济上依靠男人，她就会失去很多的自主权。男人养女人，爱的时候她像他的宠物，感情消退时，她就是他的负担。好命的女人事业可以不算太成功，但是必须要有一份可以照料自己生活的薪水。

年轻很容易被原谅，但不要失去自主能力

不论是婚姻专家还是一些时尚杂志，都警告女人们在男人面前不要太聪明，不要太有主意。是的，女性如果能力太强、锋芒太盛，会让身边的男人感到惭愧，这对于他的进取心和责任感都是一种打击。但是女人的柔弱，主要还是一种对待生活的态度，事实上，那些千娇百媚，给男人带来了无限欣喜的女人，都是一些聪明绝顶的女性，她们懂得什么时候应当顺从，什么时候应当保持自我，以激发起男人更深层的爱慕。

电影《美国之旅》中，有这样一个情节：直到婚礼之前，王子才在圣殿上认识了他漂亮的未婚妻。王子把新娘带到后面的房间，问她："你喜欢什么？"她回答："凡是你喜欢的，我都喜欢。"接着，她的回答越来越恭顺。再接下来，王子让她学狗叫，还要求她单脚跳着叫。就在她一一顺从的时候，他意识到，他不能让这个婚礼继续下去了。

男人需要有自己头脑的女人，需要你的观点。如何表达你自己，将让他知道你是否有自信。你要让他明白，你有能力承担彼此之间的契约。如果他甩给你一句废话，你就立刻还以颜色。他会尊重一个能跟他睚眦必报的女人，一个能把握自己的女人。

如果你感到有什么事难以接受，你一定要把它表达出来，而且不要担心你这样做的后果。假如他问你："想看什么电影？"你不要总是让他作决定。你不妨说："喂，我已经耐着性子跟你看了两

部枪战片了，所以，我今晚想看一部爱情片。”男人喜欢能说出心里话的女人，一个男人直截了当地说：“我认为，大部分男人并不介意女人在家里做主，只要没有外人知道就无所谓。”

女人可以给男人一个面子，但如果把骨子里的东西也丢了，就是那种棉花糖般的女人——也甜美，也细腻，却没什么内容，男人在短暂的欣喜之后，很快就会失去兴趣。

29 岁的美琪结婚已经三年多了，但总还像个孩子般地依赖丈夫。平时，美琪几乎没什么朋友，一下班就回家与丈夫黏在一起，小到每天穿什么衣服，大到工作上碰到的难题，美琪都要靠丈夫为自己拿主意。

有一次，老公出差。晚上美琪一个人在家，可是翻来覆去怎么也睡不着，觉得空荡荡的屋子里似乎总有什么可怕的东西躲在暗处。

在不停地胡思乱想中，美琪终于睡着了，她做了个梦，梦见她和老公及几个好友外出，遇到一伙劫匪设的卡，凡是过卡都要留下买路钱。老公走在前面，平安地过去了。可是自己却被袭击，奄奄一息地躺在了地上，远远地看着老公头也不回地走了。

顿时，她放声大哭起来，哭着哭着就哭醒了，醒来已是满脸的泪水，美琪连忙给老公拨起了电话。

当睡得正香的老公接起电话时，听到妻子因为半夜三更做了一个噩梦而在家里放声大哭时，既感到无比心疼又感到万般无奈。这样的妻子，叫他每次出差在外怎能放得下心呢？

因此，每次只要丈夫出差超过一个星期，不仅美琪会有下地狱的感觉，对老公来说也是一种精神上的折磨，他总是非常担心，怕美琪有个三长两短。

而美琪则必然觉得坐卧不安，晚上睡觉总觉得很没有安全感，整天闷闷不乐甚至发脾气。一接到丈夫在外地打给她的电话时，美琪就会在电话里大声地哭起来，还一个劲地要丈夫快点回来。

不仅如此，对丈夫的依赖，让美琪对待工作也渐渐地提不起热情。只要丈夫一分一秒不在身边，她就会六神无主，在工作单位坐立不安，只想早一点下班，好快快回到丈夫的身边。这样的工作态度，最终导致美琪不幸地下岗了，美琪无法自食其力，因此在经济上对丈夫的依赖也更加严重了。

在丈夫的眼里，美琪似乎已经变了，变得不求上进，不爱思考，也不喜欢工作，只贪图享乐，还胆小怕事，什么都要靠自己。自己似乎就像一棵身上紧紧地缠绕着菟丝花的树，无法伸展，也无法呼吸，随时有着窒息的危险。

“恋”着你，就要“赖”着你，这在很多女性的心中是自然而然、天经地义的事。自动放弃对生活的主宰权，使很多女性在无意中失去自身最有吸引力的光芒，不自觉地沦为男性的附属品，这恐怕是多数女人悲伤故事的最初起源。

而有自主精神的女人，在任何情况下都可以跟男人坦诚相见，男人与她们打交道，比起与卿卿我我的，或是非常情绪化的女人来说，反倒更舒服。自主的女人知道自己想要什么，也知道适时地表达出自己的需要。

女人不是一定要依附着什么才能生活的，性别不是障碍，年轻不是理由，大胆地表达你的观点，坚定不移地争取你应有的权利。

命运私语

那种小鸟依人式的女人，在今天并没有多大的市场，聪明的女人，在男人面前懂得顺从，但不会丢失自己的个性。可以和男人演对手戏，女人才可能激起他更深层的爱慕。

Chapter 8

女人的命运和遇到的男人捆绑在一起

女人的最大幸福就是找一个自己喜欢也喜欢自己的好男人。当他出现时，女人会以为，自己了解对方，就像了解自己的掌纹。但是有时候，你了解的只是他的脾气、个性、嗜好等表面的东西，而并非他的感情取向、欲望需求等内心的秘密。

美女养眼，令人感到舒适、自由和快乐的女人养心，如果二者不能兼得，大部分男人宁愿选择后者。这个道理想清楚了，你会明白如何去抓住男人的心。

灰姑娘们，不要在优秀男人面前没章法

做好命的女人不容易。如果一个女人出生在一个非常优越的环境里，良好的家世、良好的气质和教育，还可以成为她的加分因素，使她以后的人生之路顺畅一些。但是对于很大一部分女人来说，父母养大她们已经不容易，当她们在社会打拼时，并不能给她任何帮助。命运的分数，全靠她们自己一点一滴地积累。

婚姻对于她们，是一次转折。在这里，我们不说一定要嫁个有钱人，飞上枝头变凤凰，女人的命运，其实是和她所遇到的男人联系在一起的，一个好男人，可以使灰姑娘拥有幸福，一个坏男人，也能使一个好女人数年的积累毁于一旦。

在这个世界上，真正能力好、风度好、品性好的男人像是稀缺动物，能碰到是一种运气，但是你一放松，他就不知道被哪个女人钓走了。

我们已经知道，男人都有喜欢进攻的癖性，直接送到嘴边的猎物，他们不见得多重视。那种太豪放、太主动的女人，他们固然不感兴趣，而整天扮作楚楚可怜的样子，效果也不会多理想。有的女人会对男人说“你现在可能不爱我，但我愿意等”。“我知道自己配不上你，然而我是世界上最爱你的人。”这样的爱情，就算得到了，以后他变心也会振振有词：“我本来都不爱你，是你自己当初要对我死缠烂打。”

对男人这种动物，太松了太紧了都不太好，那些等待自己王子

的现代灰姑娘们，应该另做打算了。

首先，要吸引优秀的男性，你要先让自己变得优秀。

年轻的你，现在可能一无所有，没有钱，也没有“金龟婿”，甚至连自己最初的梦想也丧失了。有时候也想找个人嫁掉，然后，生个孩子当家庭主妇就这么一辈子过完算了。难道你甘于自怨自艾地生活一辈子吗？

不要嗟叹了，赶紧充实自己才是正道。没有人陪你，但是你还有奋斗陪你，还有进取陪你，自然还有你的理想陪你。世界上的男人有的是，那些所谓的“金龟婿”也不可能在年轻的时候，就把自己的事业交给别人，他们的时间和你一样，去奋斗，去拼搏。“金龟婿”不可能把自己大把的青春花在风花雪月上。

当你是一个丑小鸭的时候，你结识的人有限，除了鸭子之外，你看到的最多的也就是小猫小狗。但当你成为白天鹅的时候，自然也就有了天鹅的事业和生活圈，这时你身边的人物，和过去的已经不在一个水平线上。这时你会发现，曾经那么让自己眼热心跳的人，其实也没什么了不起。

你的空间广阔了，眼界高了，挑到好男人的概率自然也就大了。

如果在你身边——比如，你的职业或者朋友圈子里，就有一个好男人让你心动，而他似乎还没有被你的魅力征服，怎么办？只好自己暗暗加一把火试试了。

许多男人天生是个斗士。他们不会去追一个没人追的女人，“雪中送炭”不能满足他们的成就感和虚荣心，他们喜欢“锦上添花”，去追许多人追的女人，因为一旦追到手了，才能证明自己魅力十足。

你可以故意在他面前，不厌其烦地看着爱慕者的情书（自己写的也无妨）；请花店天天送来一束署名“知名不具”的鲜花，制造“追求者众”的假象。再刻意表现对追求者的不满意，有意或无意透露你理想对象的特质，当然，针对他的特色陈述，让他暗中“惊觉”——原来他竟是你日思夜盼的标准对象。

让他了解你的行情，刺激他加入“竞标”行列。

最后，也是最重要的一点，在这些小花样之外的内功，也就是说，把你的优秀之处，完美地展示在他的面前。

琳琳出生在江南的一个小镇上，她有一个青梅竹马的男朋友叫张涛。眼看两人到了谈婚论嫁的年龄，琳琳的父母却嫌张涛家里太穷，硬是把他们拆散了。张涛一气之下，跑到遥远的北京闯天下，琳琳无奈嫁到当地一个家底殷实的人家，做起了安分守己的小媳妇。

一别十年，张涛已由当年那个给人打杂的小伙计，变成了小有名气的地产商人，衣锦还乡，顿时引起了不小的轰动。

琳琳的境遇却并不好，因为感情不和，她在前几年就离婚了，现在一个人开个小杂货店生活。如今的张涛，有钱，且有心情，见了旧爱，当然要好好表现一下。他送了琳琳一张存单，上面有20万元的存款。

琳琳接过存单放在桌上，既不辞谢，也不表示接受，只是淡淡地一笑。

也就三五天工夫，张涛再见到琳琳时，她已从存单上提了17万元，以张涛的名义在他们镇上刚动工的楼盘中定了一套单元房，产权清楚，责任确实，交易办得干净快捷。

琳琳对张涛说，如今这个楼盘的旁边正在修马路，通车之后，房价马上就上涨，张涛在家乡买处房子也算是投资，以后不管是自住还是出售，都是很相宜的。

这下子，张涛不得不重新认识这个俏丽的小女人——娶她回家，不但能了却旧日的一番心事，说不定还可以成为自己事业上的帮手。琳琳靠出色的表现，在旧恋人心中赢得了自己的位置。

当灰姑娘遇到她的王子时，不能说不激动、不心急，但是不管怎样，好女人的身份不能丢。一朵鲜花，只要在合适的时间地点绽放，自然会吸引看花人的目光。好命的女人，只懵懵懂懂地活着是不明智的，好女人有享受好命的福分，更要有改变命运的能力。

命运私语

对于男人这种动物，太松了太紧了效果都不好。当灰姑娘遇到她的王子时，她应该想办法让他发现自己由内而外的美丽，一点一点地加重自己在他心目中的分量，然后你就可以收获一种水到渠成的爱情。

什么样的女人最容易走进男人的心

男人，不论他是不苟言笑的社会精英，还是风流成性的花花公子，只要他是一个心理和生理都正常的男人，他们都喜欢那种具有浓郁女人味的女人。男人看女人，和女人看同性完全是两回事，一个被同性欣赏倾慕的高贵典雅的女人，可能在男人那里并不讨好；一个在同性眼里平庸无奇的女人，在男人眼里可能就是妖娆的尤物。

有些女人，走到哪里都是异性注意的焦点，她们身上似乎有一种特殊的物质，让男人情不自禁地想亲近她、拥有她。她们的魔力在哪里呢？

男人在和女人最初相遇的时候，会被她美丽大方的容貌，高雅脱俗的气质吸引，一见钟情的恋爱，常常是在这种情况下发生的。但若是长期的共同生活呢？赏心悦目的外表，毕竟代替不了酸甜苦辣的生活，男人的心，开始转向那些有血有肉、能给自己带来人生幸福感的女人，而不会仅仅满足于欣赏一幅美女图。

在这个千变万化的世界上，什么事都可能发生，包括出身寒微，在夜总会做过女招待，身边还带个 4 岁孩子的单亲妈妈卡米拉，最后能够走进英国王宫的大门，成为继戴安娜之后的下一任王妃。

在世人的眼中，无论从哪一方面来看，这两个人都不是一个重量级的对手。戴安娜，这朵英格兰的玫瑰，20 世纪最富有魅力的女性之一，她年轻、美丽、高贵、大方，几乎在她出现的任何地方，公众都会被她举世无双的风采所倾倒。可以说，在很多年里，戴安娜这个名字就是完美的象征。反过来再看看卡米拉，她的容貌和美丽都沾不上边，当戴安娜如同一朵鲜花一样绽放在世人面前时，卡米拉已经年华老去，步入中年了。但就是这个看起来毫不起眼的女人，打败了人们心目中的女神戴安娜，让世纪童话婚姻的幻想彻底粉碎。这一切，卡米拉究竟是怎样做到的呢？

不管戴安娜在多少地方比卡米拉优秀，但至少有一点，她永远也无法与卡米拉相比，那就是对查尔斯王子的了解。事实上，再尊贵再富有的人，他也是人，他也有普通人的弱点和情感需要。年轻、美貌，或许是吸引人的致命武器，但那些都不过是外在的条件而已，真正重要的还是你能否使他的内心获得满足。

查尔斯作为一个从小就生活在万众瞩目之下的英国王位继承人，他的一举一动都被人们所注意，但他的内心世界却很少有人去关心。这是一个在孤独中长大的人，这是一个有着无比尊崇的地位但从未受到过父母、亲人、朋友真正关爱的人。或许是由于年龄上的距离，或许是彼此的性格差异实在太大，对这一切，戴安娜很难去理解。

卡米拉则不同，当她第一次与查尔斯见面的时候，就已经是个成熟的女人了，她懂得如何去对待这个虽然无比尊贵但却满脸愁容的年轻人，她知道他最需要的是什么。她似乎从不把他王子的身份地位放在心上，她主动地与他交谈，一言一行都极为自然，从不做作，从不矫饰。在她的面前，查尔斯得到了他梦寐以求的东西：他终于能够彻底地放松自己，不必再受任何外在事物的困扰了。正是这一点使得卡米拉一下子就走进了王子的心里，成为他“在这个偌大世界上最好的朋友”。同样吸引查尔斯的，还有卡米拉那独特的幽默感。她很爱开玩笑，无论什么事、什么话题，只要经她的口中说出，立刻就会引来阵阵欢笑。事实上，在他们相识的第一天，卡米拉就能使查尔斯仰头开怀大笑，并且以后一直如此。而这，对于在孤独与忧郁中长大、身上又背负了太多责任的查尔斯来说，无疑是非常重要的。

帮助卡米拉取胜的，是她非凡的韧性。她耐心地等待，在需要她沉默的时候，从不发出声响；而一旦查尔斯有需要，她又会立刻出现在他的身边。正是凭着这种几乎可以称得上是"坚忍不拔"的精神，卡米拉最终实现了她的目标：她彻底地摧毁了那场被视为神圣不可侵犯的婚姻，成了白金汉宫的新女主人。

我们都喜欢戴安娜，同情戴安娜，但无可否认的是，像卡米拉那样的女人，更容易抓住男人的心。查尔斯王子与这两个女人的纠葛很有代表性，在我们周围，类似的故事也随处可见。有许多美丽脱俗的女人，在感情的战争中却常常是失败者，原因是她们美则美矣，却缺少了一股人间的烟火气，男人在她们身旁找不到温暖、愉快的感觉，所以他们选择了逃离。

心理学家指出："男人内心最迫切的需要是克服他的孤独感。由此男人特别爱恋能够理解并接受他生活的女性。"与美女相比，一些相貌寻常的女人更显得亲切，她们不像美女那么高傲和挑剔，男人在她们面前会感觉更加舒服自在。只这一点，对男人来说就千金不换。

美女养眼，令人感到舒适、自由和快乐的女人养心，如果二者不能兼得，大部分男人宁愿选择后者。这个道理想清楚了，你会明白如何去抓住男人的心。

命运私语

美丽是女人的武器，姿色中等的女人，她们的武器是给男人一种舒服自在的感觉。这种武器也许没有那些炫目的光彩，但是杀伤力同样是一流的。

当你的“王子”开始“三心二意”

恋爱的时候，男人对女人最常见的表白是：“亲爱的，有了你，我眼里再没有别的女人，我要好好爱你一辈子。”初涉人世的小女生，会为这种誓言感动得泪水涟涟；成熟的女性，这种话当然也喜欢听，但只是听听而已。一辈子长着呢，事情多着呢，谁能保证哪一片云彩会有雨？

男人是野生动物，在感情方面经常左顾右盼游移不定，总是朝三暮四见异思迁，这也承袭了绝大多数野生动物的基因。天性如此，所以要他们安分守己地停驻在一个地方，守候着一个女人，难度是相当大的。

对于你们的爱情关系而言，如果一个男人能以爱你为起点，以留守为终点，这已是上佳的表现。中间发生一些小小的波动，也算是正常范围。

这种波动，并不仅仅是指你的男人变心了、出轨了，还包括他们在某个时间段进入感情的休眠期，对于身边的女人，宁愿出去钓鱼或者窝在沙发上看报纸，也不愿与她们多说几句心里话。或者是在某个时间段，留意上了单位里的美女和网络里的花朵，虽不至于到了抛妻弃子的地步，却也心猿意马，总想跟对方套套近乎。

这时候，女人们最直接的反应也不过是愤怒、失望、冷嘲热讽等。这种反应倒也没什么错，却不是好命的女人该有的作风。闹情绪谁不会？但这只能把没事闹成有事，小事闹能大事，把有做贼心没贼胆的男人闹成实打实的现行犯。仔细掂量一下，实在得不偿失。

一个女人如何防止男人在婚后征服世界的过程中继续征服别的女人呢？唯一的办法就是不断地给他新鲜感，让他觉得你像商场里的时装一样常变常新，这样他才不会继续毫无原则地到处去释放他的征服欲。

顾维是一位有名的钻石王老五。他大学毕业之初，曾在国有银行的总部做外汇管理工作，周游过列国，见多识广，对老婆的人选极为挑剔。既要受过高等教育，又要年轻靓丽；既要温柔贤淑，又要善解人意，气质要好，皮肤要好，性格也要好，按他的标准，没几个女人合适，因而他的身边美女无数，却没留下一个。

在一次朋友的聚会中，顾维认识了一个叫悠悠的女人。悠悠不是标准的美女，却热情活泼，一笑俩酒窝，让人感到很舒服、很亲切。刚开始的时候，顾维并没有对她太留心，但悠悠风趣好动、活泼热辣的个性很容易就把男性的目光吸引到自己身上，顾维也不例外。他开始喜欢这个有意思的小女人，喜欢她顾盼流转的眼神以及嘻嘻哈哈眉飞色舞的快乐表情，相形之下，他以前的那些女朋友显得有些乏味。

交往了一段时间后，顾维完全被悠悠迷住了。顾维直言，见过美女无数，却不曾见过狐媚如悠悠的女人，总有一些小动作，一些软言细语撩拨得人心旌荡漾，想入非非，和这样的女人生活在一起，总会有些意想不到的快乐。躺在床上，正心烦意乱睡不着觉的时候，她会跑过来坐在床边跟你说："宝贝，你睡吧，我来拍你"，就像小时候，然后一边轻轻地拍你，一边轻轻地哼起了催眠曲；或者你正在刷碗，她从后面抱住你，用脸不停地摩挲你的后背，然后告诉你："亲爱的，有你，我觉得真幸福。"让人觉得特满足。

一个男人娶老婆，是找对象。所谓对象，是知情知趣，能够了解他的心意，与他有共同生活的乐趣。她应该是他心目中的理想，是他精神上的寄托。她有时迁就他，但有时也管着他；有时爱他，有时也要骂他。

调情和变脸，是为了给感情加温，加温当然是不能过火的，否则画虎不成反类犬，一切功夫都白费了。男女之爱，也有冷静、安歇的时候。经过一段时间的热烈甜蜜的相处后，双方会产生厌倦、冷漠甚至敌意的情绪。这时最好的办法是无为，不要质问对方，不埋怨、猜疑或指责对方，给他一个独立的时间、空间使其自身调整。经过休眠期后的感情自然会进入下一个甜蜜时期。

当男人的野生习性发作，开始三心二意的时候，在一起吧，不开心，彻底分开吧，却又没到那冰火不容、必须要各奔东西的地步。怎么办？只好一纸约定，互不干扰对方生活，互不说话，互不查阅对方短信，不接对方电话，两个人之间形同陌路。

分开一段日子后，面对空荡荡的屋子，两个人又可能开始牵挂和惦记对方了："煤气罐该换了，也不知她知不知道客厅第一个抽屉里就有换气的电话；她应该不会又把钥匙锁到屋里了吧……""天冷了，也不知道他有没有添衣服；走的时候连刮胡刀都没带……"僵持过后，重归于好，甜蜜的感情又可以继续了。

在生活中，偶然的出差、探亲和旅游等，非常自然地，就达到了休整感情的效果。

男人与女人长期厮守，相互间的新鲜感和神秘感就会消失，爱情的热度就会降低。聪明的妻子们，为了让丈夫不断积蓄新的恩爱能量，可以让丈夫停服几天"蜜糖"，喝上几天"白开水"，这样丈夫会更珍惜"蜜糖"的甘甜。

命运私语

男人是野生动物，左顾右盼、三心二意是他们的习性。防止一个男人吃着碗里的看着锅里的，唯一的办法就是不断地给他新鲜感，让他时不时便要眼花心动一番，这样他才不会继续毫无原则地到处去释放他的征服欲。

保持你的神秘感，不要让男人一览无余

人们常说“近处无风景”。的确，我们出去观赏旅游，是为了感受各地不一样的风光景色，而家门口的风景，早都看够，看厌了，看得熟视无睹，即使一个人生活在一个风光如画的地方，天天看在眼里既没什么新意，也难以激发出心里的感动来。

男女之间也是这样，当一个男人对一个女人一碗水看到底时，她的吸引力，在他心里就不可避免地直线下降。

一些男性坦言：男人大都喜欢有一定神秘感的女人。换言之，跟男人保持若即若离的距离，时而冷漠时而热情，让男人看得见却摸不着，更猜不透的女人最能吊起男人的胃口，激发男人的征服欲，也能长久保持她的吸引力。

已婚的女人最容易犯的错误是，因为那种一家人的亲近感，她们毫不在意在他面前暴露自己——不管是思想感情还是身体。事实上，完全没有隐私的女人，会让男人失去探索的欲望，最好的结果，也只是维护一段平淡的感情而已。

不管你们同在一个屋檐下多久了，倘若要保持持久的迷人状态，最好在家里也能注重衣着。有些夫妻喜欢洗鸳鸯浴，偶尔为之是可以的。若沦为每日的功课，早晚赤裸相对，对相互的吸引力绝对是一种严重的伤害。

性感女星莎朗·斯通提醒女人们，“什么都不穿，一览无余，反而没有想象空间，不见得真性感，若隐若现效果最好。打开上衣扣

子的穿法，令人血脉扩张，立刻性感。”得宜的衣饰，比完全的赤裸更具吸引力。浪漫的蕾丝，轻柔的雪纺，含蓄素雅的棉布，都可以完美地诠释女人的独特气质。这时的衣裳不再局限于掩体遮羞，更像是一朵在女人身体上盛开的花，鲜艳、娇羞、惹人怜爱……

偶尔可以在身上搭配一两件配饰，温润的珍珠，色彩艳丽的玉，都能为女人的风情加分不少。

当爱情需要表达时，当激情需要释放时，就让这一切在女人的风情万种中流淌，用迷人的情调为单调平庸的生活抹上几缕动人的颜色。

很少有哪个女人天生就是“天使的面孔，魔鬼的身材”，那种毫无顾虑的暴露，决不如恰到好处的遮掩更有诱惑力。通过后天的学习，每个女人都可以成为制造浪漫、制造性感的高手。

身体上诱惑，固然以半掩半露为妙，对于你的思想，你的经历，也没必要和盘托出。做一个有故事的女人，也是一种明确的选择。

如何向老公交代你过去的性爱关系，是个历史悠久且备受争议的话题。某些女性感到有道德义务向伴侣招供所有的过去，想以此获得他的信任，用以表白自己对他爱的程度，可事实却并非如此，你过去的恋爱史可能因此而成为他心中的芥蒂。

浪漫爱情是容不下其他罗曼史存在的，我们往往幻想，你和他的情缘是前世注定，是月老施法术牵红线，没有人的爱情像你们的这般美妙。这种冲击力、独一无二的感受和天赐良缘的想法，是情侣有权利要求的，而男性对于感情的占有欲更强烈一些，都很自私地希望自己是爱人的所有和仅有。你前男友的存在，对他的爱情之梦是一种致命的打击。

所以，当老公问你和多少人谈过恋爱时，你的回答千万不能泄露自己的真面目。

千万要叫他闭嘴，别再玩这种没有赢家的游戏。

事实上，他从别处知道或猜想你从前有别的男友是一回事。但亲耳听到你告诉他，那么他对你的感觉则又是另外一回事。可见承认过去的恋爱史，是既不理性也不自觉的。在恳求爱人泰然接纳你的过去，尤其是那些连你自己都无法面对的回忆之前，必须先花好几年的时间来建立稳固的信赖和承诺，即使如此，你也无须巨细无遗地告诉他一切，以免让你的过去成为目前关系的阴影。

再想一想，在和老公闲谈时涉及旧男友，你将如何评价他呢？一是说过去的男友不错；二是说他一塌糊涂。而任何一种答案，都会令丈夫不快。你要说过去的男友不错，他会想："既然如此，你有没有可能旧情复燃，背叛现在的家庭？"如果你说过去的男友一无是处，他会想："是不是全是他的错？她是不得已才嫁给我的吗？"与其惹起这一连串的麻烦，不如当初就淡然应对好了。

你虽然已经是他的老婆，但并非一个一览无余的透明人，没有义务对过去的一切都毫无保留。你过去的情史一旦在丈夫心中形成芥蒂，这种隔膜将很难消除。

一个聪明的女人在跟自己心爱的男人打交道的时候，应该懂得去刺激对方的好奇心，保持自己的神秘感，让他对你永葆热情。

命运私语

完全没有隐私的女人，会让男人失去探索的欲望。女性要保持神秘感，无论是身体上还是思想上，都不能让身边的男人一览无余。当他完全把你看透时，你天然的性别魅力就会降到零点。

为什么好男人也会出轨

男人和“出轨”之间的关系，就像猫和鱼之间的关系，不是每只猫都要偷鱼吃，但是你不能保证你的猫不偷鱼。

在饮食男女上，男人的天性，总是欲望压倒理智的。有一个小故事，说得非常生动：

一个有钱的男人想从三个女人中选择一个作为终身伴侣，于是他给了每个女人100万。第一个女人将钱全部花在自己身上，理由是爱可以用钱来表达，爱我的男人有责任满足我的物质需求；第二个女人将钱花掉一半，存起来一半，她买了房子和车，写上两个人的名字，存起来的钱打算将来用在他们孩子的身上。她说想跟一个男人在一起就要共同计划将来；第三个女人则分文未动，她把钱原封不动地退还给这个有钱的男人，高贵地说，我需要的是爱，不是钱。我不会为了钱跟一个男人在一起。

最后，三个女人处理完各自的100万，站到这个男人面前，他选择了一个胸部最大的。

对于感情，女人常常是处心积虑，在爱与不爱之间进退两难。男人则简单多了，他们常常会听从欲望的召唤，作出自己选择。所以说男人出轨，很多时候并不是因为他厌弃了自己的太太和家庭，他们常常是用下半身思考的，出轨，多是由于他眼前有了出轨的天时地利人和，一不小心，就驶入了一个非常规车道。

一句话，男人出轨，外因大于内因，客观需求大于主观愿望。

男人出轨的插曲，在以下几个时间段最容易上演：

1.太太怀孕前后

因为这个时期太太往往自顾不暇，所以一些玩性未泯的丈夫便容易表现出烦躁不安，悄悄向其他异性找安慰。为此，怀孕期间的太太要努力克制自身的情绪波动，尽量保持自身的吸引力，尤其要运用好准母亲与准父亲这种角色喜悦来增进双方的感情。

2.分居以后

如果是因工作上的原因无奈分居两地的话，保持密切的联系是必不可少的。现代的联络手段多种多样，书信、电子邮件、电话等都可以综合运用，尽量织起感情的天罗地网。节日或一些特别的日子（如生日、结婚纪念日），最好能安排时间相聚。至于因为矛盾冲突而人为的分居，则应用解决问题的态度冷静对待，不应一味地赌气。因为赌气只能让人疯狂，让人寻求感情的外遇。而且这种分居只能是偶尔为之，还应该定一个短时间为限。一旦分居成了习惯，那么分手就很容易成为事实。

3.工作发生变化时

如丈夫下岗、工作受挫等。人是需要在工作中寻找立身处世的支点与快乐的，一旦面临失业、失意的处境，难免就会心情沉重，茫然若失。如果这时得不到太太强有力的关怀与支持，就很容易使感情从家庭中出走，太太千万不能大意。

4.地位发生改变时

一个不容忽视的事实是，当人的地位或生活条件有了大的变化时，人的心态往往也会随之改变。有的人会由谦和变得自负，由克制变得放纵。与此同时，人享受的需求也会增加，这种变化在一些事业成功的男人身上表现得尤其突出。

即使这个男人一向很正派，当他拥有权势和金钱后，也会成为一些女人注目的目标，这些女人会主动投怀送抱，这会给男人带来新的感情刺激，很少有男人能抵抗住这种诱惑。

作为妻子，有时也会因为心理和个性的原因，对于丈夫的出轨起了一种推波助澜的作用。不少女人随着年龄的增加，自信心也会有所减弱，对于能否拴住成功丈夫的心，也会变得缺乏信心。因此就容易产生猜忌的心理，这种心理所引发的一些不理智的行为，也会对夫妻的感情造成伤害。

男人的出轨，和道德上的"好"与"坏"并没有必然的联系。如果当前的生活让一个男人感觉不太愉快，他就会开始渴求改变，跃跃欲试寻求冒险。这些男人不是去外面寻找婚姻中欠缺的任何事物，而仅仅是为了玩一玩，用以调剂他们平凡的生活。

男人容易犯些风流罪过，这等事可大可小，关键取决于当事者的态度。你首先要作出一个选择，是宁为玉碎，不为瓦全，还是只当微风吹皱了一池春水？这里面没什么道理好讲，婚姻这双鞋子是否舒服，只有自己的脚才知道。

你必须做的一件事就是问自己，你还爱他吗？

假如你想到他的优点时，发现自己无论怎样都无法舍弃他，你就要遵从自己的内心直觉。仔细想想，金无足赤，人无完人，假如你能确认自己真的爱他，就要拿出实际行动，以便证明你的爱。

毕竟，你们夫妻已有一段感情，想想他的过去，可以帮助你作出眼下的判断。假如你发现他的外遇是必然的，就要问问自己到底要什么，以便对自己的将来作出打算；假如他的外遇只是一场偶然，你最好原谅他，给他一次悔改的机会。

命运私语

女人出轨，常常是因为“不爱”；男人出轨，更多的是因为“不爽”。所以说男人出轨，很多时候并不是因为他厌弃了自己的太太和家庭，而是在一时之间，欲望战胜了理智，犯下了风流罪过。

男人渴望女人给他什么

在生活中,有一种女人被称为“妖精”,在这个时代,这已不是一个贬义词。“妖精”式的女人,代表着她们对异性的心理需求看得透彻,有手腕、有方法,有超强的吸引力。

而那些平常的女人,与男人的感情生活不是平平淡淡,就是吵吵闹闹,有一千种、一万种的不如意。感情不和的原因千奇百怪,但总归为一句话:不懂相处的艺术,不知道男性最渴望从女人那里得到什么。简单地说,就是没学会“对付”对方的绝招与妙计。

就像世上没有两条相同的河流,世上也没有两个相同的家庭,没有两个相同的男人。所以,世上也没有固定的轨迹,可供所有女人依循。能给我们一些启示的,是中东一则关于婚姻的妙喻:

一位妇人的婚姻发生了严重的问题,因为她的丈夫常常外宿不归,只顾自己寻欢作乐,一点也不管她的死活。于是,这位哀伤的妇女为了挽回丈夫的心,便到庙里去找一位先知,希望他能指点迷津,让丈夫重回自己的怀抱。

“高贵的先知啊,我的婚姻状况很糟,因为我的丈夫已经变心了。您能否让我丈夫重新觉得我美丽和可爱?”

先知回答说:“为了显示你的诚意,在我帮助你之前,你必须从活狮子身上拔下三根毛,我才愿意告诉你。”

女人离开庙之后,感到非常害怕,她想,狮子是那么凶猛的动物,根本不可能从它身上拔下毛。但如果得不到狮子的毛,就不可能和丈夫重拾以往的恩爱。那么，该怎么办呢？她苦思了许久，终于想出一个办法。

第二天早晨，女人牵了一只小绵羊，来到狮子常常出现的地方。在狮子出来之后，女人把小绵羊送到狮子口边，狮子对送上门的美味显得十分满意，并对一旁观看的女人留下了良好的印象。之后，女人每天都为狮子送上小绵羊，渐渐地，狮子开始接纳她，并摇着尾巴同女人打招呼，还让她摸它的头和背。一段时间之后，女人顺利地从狮子身上拔下了三根毛。

女人兴奋地把三根狮子毛送到了先知的庙里。

"你是如何得到狮子毛的？"先知问她。

于是女人详细描述了她如何得到狮子毛的经过。

先知笑着对女人说："用你驯服狮子的办法驯服你的丈夫吧，只要运用得当，相信他会回心转意并终生爱你的！"

这个故事告诉我们：满足、体贴和关怀，是让丈夫随时想到妻子可爱和温暖的三大法宝。

那么，什么才是男人最满意的"小绵羊"呢？男人们不像女人那样心思缜密、情绪复杂，一般来说，他们对婚姻、对生活的要求是很简单的，一些拥有美满婚姻的女人，都有些搞定老公的绝妙心得。

让男性感到无限满足的"小绵羊"，就是来自妻子的甜言蜜语。像所有的雄性动物一样，男性也喜欢在异性面前显现自己漂亮、强大的一面，只有在无人的角落里，才肯默默地舔舔伤口或者偷偷地喘口气儿。当他们因为自己的平凡、软弱而伤感和自卑的时候，如果有一个女人时不时地告诉他："你肯定行的！""你很棒啊！""你一向都是最聪明的！""我最崇拜你！"这种赞扬会使他心中充满干劲，回过头来，他会以更加充足的爱意来回报你。

女人们要把自己甜言蜜语的功效发挥到最大值，嘴要到，心也要到。而事实上，老公就是世上离我们最近的那个男人，你和他共同面对人生的生老病死，共同体验生活的艰辛与甜蜜，夫妻之亲之爱，几乎就是我们生命中的一部分。有这种心情垫底，你在夸赞老公的时候，你的美好感情和对老公的爱敬之心自然会溢于言表。语言的热度和感情的热度，就会在一种良好的循环中交替上升。

我们要注意的是，称赞老公，要能在平淡之中见深情，源源不断地向他传达你的欣赏和爱慕。至于他值得骄傲的具体之处，还需要我们去耐心发掘。男人必然有许多值得称赞的行为，只是被忽视罢了，这就要事事处处加以留心。这就要求我们对他的一切感兴趣，这是至关重要的，否则就失去了称赞的源泉。这样他每一次漂亮的举动，都能及时得到老婆的赞美，比如，“这事你想得真周到”“你真厉害，这么繁杂的事都没出岔子”“没有你，这件事情还真不好办”。这种指义明确的称赞，更容易使你的老公获得感情上的满足。

一个男人爱上一个女人的理由有很多种，她聪明、漂亮、气质高雅、温柔贤惠，如此等等，都是让人喜爱的优点。另有一个秘密是，这个女人之所以可爱，是因为她令男人觉得自己更优秀。当一个女人能令一个男人自觉更聪明、更坚强、更能干、更性感时，这个男人很快就会落入她甜蜜的掌心中。

命运私语

男人不像女人那样心思缜密、情绪复杂，一般来说，他们对婚姻、对生活的要求是很简单的，一些拥有美满婚姻的女人，都懂得维护男人的自尊心，给予他们满足感。

擦亮眼睛，从细节上看透男人的底牌

旧式的女人遇到糟糕的男人，伤心之余，尚可以抱怨命运，抱怨父母和媒人。今天呢？自由交往，自主选择，再给坏男人钻空子的机会，只能怪自己的眼光和智慧不够。

人们常说“女人心，海底针”，其实男人的心思、男人的本质，也不是一眼就可以看透的。在自己“有意思”的女人面前，哪个男人不表现出一副豪爽大方、温柔体贴、事业有成、品性优良的样子呢？其中的真假虚实，就要靠你的一双慧眼去分辨了。

看男人，在做普通朋友的时候，你看到的只是他们作为社会人的一面，比如他的能力、品行等。要是到了谈婚论嫁或者已经领了婚姻证书的时候，朝夕相对，看倒是看清楚了，但不管怎样，你的发现多少有些迟了。所以看男人，最好是在你们已经深入接触，但还没有涉及经济、身体等比较私密的实质问题之时。

每个男人，从表面上看，区别不大，但透过细节这个放大镜窥探，他们却是千姿百态、各不相同的。所以，通过细节识男人，是女人必修的感情功课。

嘉仪的男朋友，是刚刚通过别人介绍认识的。他在一家外资的软件公司上班，华南小区销售经理的级别，薪水很高，人又高大英俊，嘉仪对他很满意。

有一天黄昏，两人在嘉仪家附近的林荫道上散步时，路边一个小乞丐突然冲出来，抱住了嘉仪的腿讨钱。嘉仪惊慌失措，不由得尖叫了一声。

她的男朋友见状，二话不说，抬起腿向乞丐踢去，狠狠地叫道：“给我滚！”小乞丐被踢出几步远，一边捂着腰，一边惨叫着在地上打滚。

男人转过身看到嘉仪，脸上的神情马上恢复了温柔，轻声地对她说：“让你受惊了，来，我们走吧！”

嘉仪目瞪口呆，一路上，她还在回想着刚才恐怖的一幕，太让她吃惊和意外了。

她觉得眼前这个男人“出腿”太狠太迅速，几乎让人来不及反应，脸上那凶狠的神情，也让她害怕。她不明白一个人怎么可以把神情转变得这么快。

因为这件事，嘉仪没有和他发展下去，她觉得他有种潜在的可怕，让她极没有安全感。

一年多后，嘉仪庆幸自己的决定是对的。听说那个男人后来重新谈了女友，两人很快同居了，但没多久他暴躁的脾气就暴露无遗，经常暴打女友，虐待她，女友不堪忍受，严重时还惊动了警察。

一个男人的品性如何，不管他如何掩饰，在他不经意的言行举止中，毕竟是要流露一二的。你可以学着从以下方面暗暗地观察他，如果发现他并不是最适合你的那个人，下一步的交往就要慎重了。

1.看他交的朋友

你不可能喜欢他所有的朋友，但如果你不喜欢他的大多数朋友，这就是提醒你，他不适合你。还有，男人结交一些女友也不是坏事，这有助于他理解女性的特点，也表明他能与异性交流，如果他只有女朋友而没有男朋友你就要当心了。极有可能，这样的男人时常感到其他男性的威胁，他需要在异性面前坚定自己的信心。

2.看他如何对小孩

如果他嫌小孩麻烦，拒绝对小孩亲近，那他永远不会成为一个好父亲。如果他非但不讨厌小孩，还乐于与小孩交谈，甚至伏身听孩子说话，趴在地板上与小孩一起玩游戏，这个男人无疑会成为一个好父亲，他值得你与他发展关系。

3.看他对母亲的态度

对母亲不好的男人，你别去亲近他。男人对母亲的态度就能说明他对女性的态度。尊重母亲的男人，同样懂得爱自己的妻子，但要注意的是，如果男人过分依恋母亲，言听计从，很可能缺乏独立性，这样的男人很少有男子汉气概。

4.看他对待错误的态度

比如说，在约会时他晚到半小时或一刻钟，他便反复解释迟到的原因，这种男人你要小心了。一般人在犯错误时，多半有两种反应：一种是立刻向对方认错赔礼；另一种则是先作一番自我解释。前者是个性率直且比较体谅的人，后者则较为自私，凡事以自我为中心，凡事不愿轻易认错，还可能把责任往对方身上推。

5.看他怎么穿衣服

男人不修边幅，顶多有些邋遢而已，可他如果对自我修饰过分讲究，可能有自私的动机和忽略女性的倾向。

有些男人爱过分地打扮自己，纯属一种自恋。也许因为他们太爱自己了，所以顾不上爱别人，甚至是自己的妻子。这种男性不单是为了吸引女性，同时也是一种自我满足的表现，对于身边的女人，他很难拿出足够的真心和热情。

6.看他如何看待金钱

有的男人总是抢着付账，这并不能证明他大方，反而表明他想控制女友；而吝啬、小气的男人在情感方面，也注定斤斤计较。至于挥霍无度，经常透支，甚至负债累累的男人，你千万不可与他交往。

男人缺少知识可以学习，缺少金钱可以奋斗，但是如果他的品性有问题，和他相爱的女人，将是最终的受害者。女人幸福的爱情生活，应该从看透身边的男人开始。

命运私语

好命的女人，不是那种单纯得像一碗清水的少女。学习一些从细节上观察男人，窥探他们内心的技巧，可以让女人的阅历更丰富，看人更准确。

男人最不敢娶的 7 种女人

当男人主动提出和女人分手时，他们常常表现得非常“友好”，可以用许多冠冕堂皇的理由，来维护女人的自尊。比如，“你太漂亮了，和你在一起让我自惭形秽”“你太有思想太有智慧了，我压力太大”“你太有钱了，我不喜欢让人说我贪图安逸、不思进取”。

这种话，听听也就罢了，男人给女人面子，女人就势下台阶，也没有什么不好。可如果你真的以为自己太优秀了，男人才敬而远之，那就不仅不了解男人，也不了解自己了。让男人不敢领教的女人，多多少少，总有些让他们接受不了的地方，人家不明说，女人自己却不能不清查一下，看看自己是不是也成了太“优秀”的女人。

有这样几种类型的女人，男人见了是要绕着走的：

1. 野心太大，一直逼着男人往上爬

这种女人心里只有金钱和权势而不懂生活，她们希望男人的一切行动，都可以换来看得见摸得着的利益，什么花前月下、休闲放松，统统都是浪费。为了满足她们的虚荣心，她们不惜给身边的男人施加各种压力。

鼓励男人发愤图强并没有错，但是，如果不根据实际情况，制造压力，可能会适得其反。当男人感觉到自己只是一个赚钱机器而得不到正常的关爱时，他对这个女人的感情也会降到冰点。

2. 女人多疑，不给男人自由的空间

有些女人和男朋友的关系还没怎么样呢，就把他当成私有财产管制起来。工作之余，男友偶尔到哪儿消遣一下，电话立马就追过去：你在哪儿呀？都有什么人？在干什么？什么时候回家？

一而再再而三，弄得男人又紧张又疲惫，为了自己那点儿可怜的自由，他实在不敢和她牵手走进婚姻的“围城”里。

3. 做事不看场合，不给男人面子

要说今天的男人还有大男子主义，那实在是有点儿冤枉他们，但是男人的脸面，还是十分要紧的。有些男人就是喜欢在人前装一下，表现一下自己男人的尊严，可是他的女友并不买这个账，不管人多人少，她们一律对他吆三喝四，让他干这个干那个。男友不管发表什么意见，她们也一概对着干，伶牙俐齿，把他驳得体无完肤，恨不得找个地缝钻进去。

在只有你们两个人的时候，男人也许还愿意宠着女人让着女人，可是如果他感觉自己经常在家人朋友面前丢人现眼，你们的前景可能就不太美妙了。

4. 过分精明和认真，活得太累

男人最怕女人工于心计、过分尖锐。再成熟的男人，也希望自己爱着的女人给他宽容和理解，又希望她有一份童心，能跟自己傻傻地、真实地相处。与这种“傻” 女人在一起，男人很有安全感。

有些女人对人情往来也要算到骨子里，买个菜也要达到最大化效益，什么事情她一参与，立刻变得又紧张又无趣。这样的女人，男人没有亲近的欲望。

5. 有洁癖，看什么都不顺眼、不放心

一般来说，男人邋遢些，女人爱干净，这也是正常现象。但是有的女人很过分，吃的东西，没完没了地清洗消毒；穿的衣服，有一条细微的褶皱也受不了。更有甚者,男人摸一下她的头发,也要看他的手洗是否干净。

这样的女人,时间长了就会让人感到厌烦和疲惫,而且,在男人看来,这样的女人大都有性冷淡倾向,娶她为妻,就不能不慎重了。

6. 花钱大手大脚,不懂得节俭

不管一个男人的赚钱能力如何,他都不希望养一个"花花公主"型的女人。

如果他的经济条件不是很理想,他会为未来担忧,然后知难而退,去寻找和自己条件相匹配的女人。即使他目前还供得起她,但是可能也会有这样的考虑:她是一个如此虚荣、如此不知轻重的女人,以后如果我的事业走低,是不是还养得起她呢?

那种低收入、高消费的女人,可以做有钱人的野花,却不适宜娶回家当老婆。

7. 水性杨花,时刻都在散发自己的魅力

女人没风情,男人不会喜欢。但是如果一个女人以吸引众多异性的目光为乐事,把卖弄风骚当职业,男人也许喜欢与她搭讪,与她"谈恋爱",可一旦涉及婚姻,相信大多数男人就会退却了。

男人的心里,总是下意识地希望老婆对自己是荡妇,对别人是圣女,即使做不到这一点,也不喜欢女人总是以大众情人的样子出现。

虽然说世上的男人千千万,每个人有每个人的思想见识和欣赏标准,可是对于以上 7 种女人,他们却都存有一定的戒心。做好命的女人,最低限度,你也不能让自己变得不堪亲近。若是这样,男人溜走了,你可以选择的空间就小了一大半。即使只有一两条对得上,也要速速调整为妙。

命运私语

没有哪个男人是因为哪个女人太“优秀”了才离开她的。让男人不敢领教的女性，多多少少有让他们接受不了的地方。不要一味埋怨自己没有男人缘，自我检查一下，你是不是被一些自己没有觉察的小毛病误了终身？

Chapter 9

干得好不如嫁得好，婚姻是女人命运的拐点

由女孩到女人，婚姻是自然的过渡区。池莉在《所以》中告诫女人说，“一个女人有两条命，一条死于婚姻，一条生于婚姻。”女人嫁给不同的人就会拥有不同的身份地位，开始不同的生活，在东方这种男权社会里，比起靠个人在社会打拼来改善命运，嫁给好男人也是一种现实的生活策略。

对一个女人来说，婚姻是人生的分水岭。在这个开放的时代，我们虽然不能说一次错误的婚姻将要吞噬女性一辈子的幸福，但毕竟你将为之付出相当的代价。为了不给自己的命运减分，女人在经营自己的婚姻时一定要擦亮眼睛，多花点儿心思。

一定要找一个能与父母有良性互动的男人

在六六的小说《双面胶》里，从东北农村走出来的亚平娶了上海姑娘胡丽娟，两个人的感情很不错，可惜在婆媳之间，从思想观念到生活方式，就没有一点儿合拍的地方。夹在中间的男人摆不平家里两个激烈对抗的女人，最后无事生非、小事变大，几近酿成家破人亡的悲剧性后果。婆媳不和，是男人无以逃避无以排解的苦恼，对女性，也是同样的道理，老丈人丈母娘和女婿互相看着不顺眼，做女儿做妻子的，也将陷于无穷无尽的烦恼之中。

文婷出生于一个典型的知识分子家庭，不但父母都是大学教授，姑伯舅舅等长辈之中，也出了一个博士三个硕士，在当年，这是一件很了不起的事情。

文婷大学毕业后回到家乡，先是在一家大公司做文秘，三年以后，凭能力升到行政经理的位置上。让人意想不到的是，秀外慧中的她，这时竟然和公司里一个刚刚招进来的销售员小武搞起了姐弟恋。

小武是从贫困山区考出来的大学生，在这个城市里自然是一点儿基础也没有，对于这些文婷并不在意。小武第一次被文婷带去见父母时，在她们家布置得高贵典雅的客厅里手足无措，嗫嗫嚅嚅说不出话来，这让文婷的父母很不满意。但是处于热恋中的人，是听不进不同的声音的，半年后，文婷不顾家人的反对，和小武结了婚。

既然成了一家人,总是要接触的,文婷也想让丈夫尽快融入自家的亲朋好友之中,以便缓和与父母的关系。娘家这边有什么重大事情,文婷都和小武一起去。但是她的良苦用心,并没有收到好的效果。在她们家的亲戚中,小武时常冒出的方言和惊人的饭量成了一种笑谈。尽管此时大家已经接纳了小武这个女婿的身份,可这种漫不经心的嘲笑,到了文婷那里却是怵目惊心的难受。

两个人私下的生活,也不如想象中甜蜜。恋爱时,小武知道文婷爱干净,总是把自己打扮整洁了才去见她。结婚后,一切安定下来,人不免也变得懈怠了,被压抑的本性逐渐显现出来。生吃葱蒜等刺激性食品,不洗漱就上床这些事,说起来可大可小,但对文婷却是不可忍受的。"冷战"时,两人常常是你吃你的,我吃我的,你睡卧室,我睡客厅。

平心而论,小武对文婷的感情是很深的,他愿意通过自己的努力,让妻子过上好生活,可他就是不明白,妻子的小姐脾气怎么这么严重?

这就是无法沟通的苦恼了,两个好人,两个相爱的人,加起来不一定就等于是一段美满婚姻。

如果我们对当今的女人说,找爱人,一定要与父母合得来,也许会有人反驳说:"他又不与父母一起过日子,我的感情由我做主,这有什么不对吗?"其实与你的父母形成良好的互动,代表着他的教养、个性、言谈举止为你的父母所欣赏,基本上也就会与你合拍。毕竟,你从小就是由父母一手养育成人的,家庭的烙印,虽然看不到,但它必然在你身上存在。

结婚双方的家庭或本人如果经济、地位、学识、成长的环境等相差较大,结婚以后一般不会幸福。随着时间的推移,两人的价值观念、消费观念、文化、娱乐、卫生习惯、感情要求等生活的方方面面都会格格不入，他们都会坚持认为自己是对的，对方是错的，要求对方忍让和改变，久而久之，他们就不再是平等的关系，婚姻也因此出现危机。

同样，一个女人如果在婚姻中过于“高攀”了，她获得幸福的概率也不会太大。若不相信，请看那些嫁入豪门的女星，一时的风光过后，多是受虐、婚变等负面新闻。

一个灰姑娘，因为爱情嫁入豪门，固然可喜可贺，但是婚礼之后呢？丈夫的家族是否能长期善待出身寒门的媳妇呢？就算对媳妇不错，那对媳妇的娘家人呢？作为女儿能坐视婆家人对自己老实巴交的父母冷眼相对吗？没有相当的经济背景的话，在以后的实际生活里，会深切体会到两个家庭之间的差异。

当然，现实身份差异很大而婚姻却很和谐的故事也是有的，那需要彼此有一颗包容的心，不断去磨合、谅解、愉快地接纳对方的差异。但那毕竟不是一件容易的事，作为女人，还是理智一点，“世俗”一点，不要选择与自己差异太大的男人。

命运私语

恋爱结婚，不仅仅是男人和女人两个人的事儿。成长环境、社会关系也会渗透进他们的二人世界，无论什么年代，“门当户对”都是和谐婚姻的一句金玉良言。

只要感情好，两个人喝凉水也会甜吗

女人要好命，虽然很难给出一个完整的定义，但是有一点，她必须同时拥有充裕的物质基础和愉快的精神状态。以此为基点看问题，我们可以得出这样的结论：女人嫁给有钱的男人，她可能好命，也可能不幸，因为这里面有太多的不确定因素；而女人嫁给一个一无所有的穷男人——这个穷不但包括物质上的穷，还包括没有进取心，没有创造力等精神上的穷，她的不幸简直就是铁定的了。

这种论调听起来有些庸俗和绝对，但是要知道，现代社会已经给了个人足够的发展空间，一直穷困潦倒的男人，他们的责任感和进取心不能不受到置疑。

“只要两个人感情好，喝凉水也甜”，这多半是穷人的梦话。女人嫁给穷男人，最大的理由就是为了爱。既然图的不是物质享受，那么必然就得用情感上的满足去补偿。但情感的满足一定能弥补物质上的不足吗？不见得。

婚姻中最主要的冲突之一，是“因钱而爆发的权力斗争”。

研究结果发现，夫妻的教育程度与为钱争吵的频率成反比。教育程度在高中以下者，常常倾向于为钱争吵，而在大学以上者，这种争吵就大为减少。这很可能是因为较高的教育程度，常有较理想的工作和较优厚的待遇，降低了为钱发生摩擦的概率。调查还显示，人到中年，“不断”为钱与配偶吵架的人很多。因为这时候，很多夫妻面临各种问题，钱正好成为引爆点。与如潮水般涌来的年轻人竞争，越来越力不从心；孩子逐渐长大，经济负担加重；双亲正需要照顾。这些都使中年人在经济上和情绪上感受到强烈的压迫。

更要命的是，女人嫁给穷男人也不一定能得到情感上的满足。物质和精神并不是绝对对立的，非此即彼，穷男人不一定就格外温柔，格外浪漫，格外尊重你。相反，很多时候，由于他们的自卑，导致心理变态；由于生活的艰难，导致性情暴躁；更由于教养上的不足，他们往往采取粗暴态度解决生活中的矛盾，甚至有暴力倾向。

还有些女人以为嫁给穷人就保险，男人有钱就变坏嘛，富男人很容易在外面花天酒地，穷男人却没有这个条件，应该老实一些了吧？其实男人是否变坏，和他的身份没有必然的联系，路边的野鸡、网上的寂寞女人，是每个心怀不轨的男人都可能招惹、可以招惹的。男人变坏，富有富的方式，穷有穷的办法，穷了就保险的观念肯定是经不住现实检验的。

还有一点，有钱的男人在外面做了亏心事，一般还不会在家里撒野，因为他要顾忌影响。就算是夫妻翻脸，闹到离婚的地步，女人多多少少还是能得到一些经济上的补偿，再不济，孩子至少不会衣食无着。穷男人且不说他有没有这样的善心，在能力上他就做不到，没法补偿。女人一旦被扫地出门，完全可能失去一切，一无所有。

把穷男人和有钱的男人分别放在天平上称一称，优点缺点一目了然。现在，你对自己的未来如何把握呢？

有些女人是感觉派，一心一意地寻找让自己倾心相爱的人，否则宁愿不结婚。其实与其把“热恋”作为婚姻的首要条件，倒不如以“值得嫁”的标准选择未来的丈夫更容易获得幸福。事实上，很多爱丈夫、爱家庭、生活幸福美满的女人都认为，她们不管和什么样的男人结婚，都能做到像现在一样对丈夫好。这是因为，婚后的爱情和热恋的时候不一样。恋爱的时候，不需要双方多么努力，也会滋生用不完的爱。但是，结婚后就不一样了。当拥抱和亲吻都没有感觉时，夫妻间的爱情需要智慧来维持。因此，只要符合这一条件，婚姻关系就很容易维持。结婚后仍能让妻子拥有不少礼物和旅行的机会，又懂得浪漫而且性格好的男人，会让女人越来越爱。

我们都不是天使，而只是一些凡俗的小女人，财富给女人带来的安定与保护，相信每个女人都可以感知。财富不是感情的全部，但没有经济实力保障的感情，却总有些苍白和薄弱。离开穷男人！这虽然不能使你的一生从此一帆风顺、高枕无忧，却不至于让你在年华渐去的时候，还陷在艰辛的生活里而懊悔不已。

命运私语

今天的社会给了人们无限的自由和无数改变命运的机会，如果一个男人一直穷困潦倒，那么他的进取心和创造力肯定有问题。好命的女人，要懂得回避这种男人，不要让他们成为你不幸的潜在因素。

错误的婚姻是女人不幸的开始

对一个女人来说，婚姻是人生的分水岭。在这个开放的时代，我们虽然不能说一次错误的婚姻将要吞噬女性一辈子的幸福，但毕竟你将为之付出相当的代价。离婚吗？即使可以顺利分手，已经逝去的青春和已经受伤的心灵却是无法弥补的。经济的纠葛，如果还有孩子的牵绊，更让女性无可奈何。

女人的一生是好命还是不幸，婚姻是其中分量最重的砝码。可惜的是，在选择婚姻生活的时候，我们还年轻，还不了解自己的需要，容易犯各式各样的错误。在这个世界上，好姻缘和坏姻缘都有千千万万，我们无法一一分说清楚，但是这里面有一个最简单也最容易忽视的道理：在婚姻里，最重要的是自己的感受而非表面风光，生活经验还不够的年轻女人，千万不能被那种"看起来很美"的爱情迷了眼。

庄慧是个好女人，清秀美丽，性格又温柔体贴，上大学的时候，身边就有很多追求者。但她对那些追求自己的男生视而不见，而为人高傲冷漠的斯明，却牢牢地抓住了她的心。

斯明一头长发，外表英俊潇洒，在与人交谈的时候，总喜欢引用各种哲学道理。不仅如此，他对古典音乐也有很深的造诣，小提琴拉得很棒。校园里的女生，为他着迷的人可以排成一长队。庄慧看到其他女生接近斯明，心里就很不是滋味，因此她决定放弃所有的追求者，得到斯明的心。经过一段时间的努力，斯明如愿以偿成为她的恋人。大学毕业后，两人顺利地结婚，但很快婚姻就出现了各种问题。

谈恋爱时，斯明对庄慧就不是特别体贴，婚后更是不怎么关心她。虽然两人都要上班，但斯明从来都不帮妻子做家务，家里不论大事小事，似乎都与他无关。妻子忍不住埋怨时，斯明就会说："结婚是你一厢情愿的，这些事情你自己看着办吧！"最让人无法容忍的是，斯明工作一段时间后，认为那些琐碎的小事太埋没自己的才华，连妻子都没告诉就辞了职。借口考研，在家里一待就是两三年，日常生活全靠庄慧的工资支撑。

庄慧在婚姻生活中，一直找不到幸福，最后被逼无奈提出离婚。由于受婚姻后遗症的影响，庄慧一直在精神科接受治疗，当初错误的选择所带来的悔恨，已经深深地伤害了她的心灵。

像斯明那样的男人，最是女人幸福的杀手。男人如果各方面都平平无奇，即使有一点小毛病，也泛不起多大的浪花来。怕就怕他有钻石的外形和玻璃的内在，让女人看不透，识不破，飞蛾扑火般地投进一个永远也填不满的黑洞里。

选男人其实和买衣服差不多，不能光挂在那里养眼，穿在身上舒服才是正理。知道那种高领无袖的羊绒衫吧？那种衣服很抬人，在试衣间里，把大多数女性都衬得非常高贵美丽。可是拿回家去，它又能派上什么用场呢？天热的时候穿，你受不了它那层高领子，天冷的时候穿，包你胳膊上都是鸡皮疙瘩。让你不舒服的衣服，不要买；让你不快乐的男人，也是敬而远之为妙。

道理是这个道理，可有的女人总是下不了这种决断。那么，在结婚之前，你可以这样考虑一下：他身上最吸引你的、最耀眼的地方，对于以后漫长的生活有益吗？请注意，是吃喝拉撒、柴米油盐的生活。你认为结婚以后，他有没有需要改变的缺点？如果他的习惯和个性没有任何改变，你还会一如既往地爱他吗？

不要一厢情愿地以为，婚姻是包治百病的良药，只要结了婚，男人们就会成熟起来，花花公子也会变成居家男人，冷漠的男人也会变得富于温柔和爱心。这些期待如同海市蜃楼，不可能变为现实。婚姻并不能消除潜在的危机或让人改过自新，如果在结婚前发现了某些问题，婚后发作起来只会更严重。

很多女人一旦确定了结婚的对象，就会变得非常不理智，但很少把发现的问题摆到台面上来处理。她们认为，结婚是爱情的开花结果，不能为“小小”的问题而选择放弃。但是有些恋爱时不是很看重的问题，婚后却会给当事者带来很大的困扰，当你把男人的自私当成潇洒，把他的夸夸其谈当成才华横溢时，不幸也在悄悄向你走近。

好命的女人，懂得有爱与被爱才是圆满，思想单纯幼稚的女人，常常把一时的迷恋当成正常的感情。婚姻的实质其实就是生活，如果你的虚荣心不是太重，只依靠精神上的胜利就可以满足，那么在婚姻的选择上，还是保持现实的态度为佳。

命运私语

在婚姻里，最重要的是自己的感受而不是别人羡慕的目光，生活经验还不够的年轻女人，千万不能被那种徒有其表的男人迷住了眼。

女人要嫁得好，才能找到人生幸福的跑道

对一个女人来讲，嫁人是一辈子的大事，如同第二次投胎，实在是马虎不得。女人嫁给不同的人就会拥有不同的身份地位，开始不同的生活，在东方这种男权社会里，比起靠个人在社会打拼来改善命运，还是嫁给好男人会比较实际一点。

聪明的女人，不必在“干得好还是嫁得好”的争论中纠缠不休，干好嫁好同样都很重要，我们需要考虑清楚的只是“什么样的男人才是女人要嫁的好男人”？

时下有一种时髦的叫法，称好男人为“经济适用男”，对于大多数女人，他们就是“嫁得好”的标准。

“经济适用男”的薪水不会高得让人睁大眼睛，但是支撑一个小家庭是没有问题的。他们一般衣着传统、长相温和，最关键的一点，是有一技之长，虽然平时不显山不露水的，但却可以给自己的家庭提供长久的保障，让女人感到安心和幸福。

林紫才貌出众，上大学的时候，追求她的人校内校外都有，但不论是开奔驰的大款还是英俊多情的校园才子，她一直芳心未动。毕业后，她留校任教，二十八九岁的林紫，正是玫瑰怒放的时节，比学生时代又多了一番韵味。在大家都觉得是她太挑剔的时候，她故事中的男主人公终于出现了，不过让大家诧异的是，他仅仅是建筑系一位名不见经传的年轻教师。他不但相貌平淡无奇，也没有多好的家世和多雄厚的经济基础，一贯是焦点人物的林紫青睐于

他，让所有的旁观者都大跌眼镜，尤其是那些她的热烈追求者更是感觉愤愤不平。

对于别人的疑问，林紫总是笑而不答，金秋十月，两人热热闹闹地举行了婚礼。

事实证明，林紫的眼光独到。5 年后的一次同学聚会中，林紫风韵依旧，她的老公如今在专业上颇有建树，而且是一家大地产公司的幕后智囊团的重要人物，收入和地位都不差。尤其是当大家一致慨叹经济危机中压力大、前景不定的时候，林紫更为事业稳定的老公而自豪。

爱情其实也可以作为一种投资理论来教导所有女人，选丈夫就像选股票一样，不能只看眼前的涨落，更要关注它的前景。符合“潜力股”水准的新好男人，可以从以下几个方面来衡量：

1. 有责任感

“潜力股”男人，天生就有一股为让他生命中的人生活得更好而努力的责任。这样的男人很容易分辨，比如，在某次聚会或饭局中，当其他的年轻男人们指点江山、表现自己宏图大志的时候，他会默默地为大家服务，帮醉酒的朋友埋单，送没有男伴的女士回家，这样的男人，才是可靠型的男人。

2. 方向明确

看一个男人是不是有潜在的发展前途，要看他对自己的未来是不是有明确的目标和清晰的计划，比如，半年计划、一年计划、三年计划……一个人没有目标和计划，就没有方向感，也就没有希望！有目标的男人，才不会在生活中随波逐流，他们带给女人所渴望的生活的可能性自然也就大一些。

3. 专业素质好

金钱有用尽的时候，权势有不灵的时候，唯有才识和技术，是唯一可以长久地随身携带的资本。医生、律师等专业人士固然是女人的首选，一个优秀的技师或者大厨的收入，也可能超过普通白领直追金领族。自古以来，女人嫁给拥有一技之长的男人，都是母亲最感欣慰的选择，听老辈人的话，是不会吃亏的。

4. 人际关系好

夫妻之间，其实也是一个小社会。一个男人如果能在大的社会关系中表现出理解、礼让、随和、大度等优秀品质，获得大家的认可，那么他在家庭中的良好表现也是可以预期的。而那些口碑欠佳、人缘极差的人，多半总有自己性格上的缺陷，在事业上很难成功，更难以给女人带来幸福。

5. 身体健康

女人生来就是要被爱的，如果在婚姻生活中一直是由女人来照料男人、爱男人，这是一种美德，但也未尝不是一种苦涩。找老公，他的身体状况如何应该放在重要位置。虽然我们不方便找他要完整的体检报告单，但是那种弱不禁风的男人，肥胖得有肉无骨的男人，郊游爬个山都当成一次严峻考验的男人，绝不是一个好的伴侣。他们既不能在男女之爱上给女人以美好的感觉，在生老病死的人生关口，也不能相互扶持。如果你和一个体质太差的男人交往，有必要慎重考虑你们的关系。

女人期望通过婚姻使自己的命运发生翻天覆地的变化，这不是很现实，但是给自己挑选一个好老公，获得幸福安定的生活还是行得通的。在这个过程中，你不能急功近利，在这里需要的是眼光，拼的是智慧。

命运私语

聪明的女人，要干得好，更要嫁得好。富男人是别墅，穷男人是茅草屋，选择他们，要么有住不起的危险，要么有无法遮风挡雨的危险，而那种人品优秀、发展前景看好的男人，就是女人住得最舒服的经济适用房。

女人总围着男人转，就会失去成长的可能

在两性感情中，女人需要呵护，男人需要崇拜。如果男人对女人的呵护恰到好处，女人对男人的崇拜恰如其分，那么这也不失为一幅美好的图画。怕就怕在女人对男人过于"崇拜"，把他当成一棵参天大树，事无大小，都等着他给兜起来，这种爱情，就有些可悲了。

有一个男孩非常爱一个女人，在他眼里，这个女人是那么纯洁善良，就像天使一样。而这个女人也很爱这个男孩子，在她眼里，只要这个男孩想要做的事，没有不能做到的。当这个女人大学毕业时，这个男孩已经创立了自己的公司，而且运营得很好。所以，女人毕业后，男孩让女人待在自己的身边，没有让她去找工作，不久他们结婚了，生活很美满。

女人把男孩子当成自己生活的全部，她每天给他煲汤、熨衣服，让他有足够的好身体、好心情出去打拼，他的成功就是她的成功，他的快乐就是她的快乐。偶尔参加一次旧日同学朋友的聚会，女人和她们也找不到更多话题。职场的是非，她不懂，生活的艰辛，她也没有体验，而且那闹哄哄的场面，也让女人很不适应。渐渐地，她和大家都疏远了。每天只在家里养养宠物，看看电视，时间也就打发过去了。

这样的幸福生活持续了三年。直到有一天，女人正在家里浇花时，男孩的公司来人告诉女人，总经理出车祸了。女人听到后，

因为极度伤心晕倒了。当她醒来时发现自己已经在医院里，更为悲惨的是，她的丈夫已经离开了人世。

女人对公司的事一无所知，他们的公司很快就倒闭破产了。女人自己又挣不来钱，她不得不变卖了房子，住进了条件很差的出租屋。

工作不好找，但是生活还是要继续，灰心失望之下，女人开始用酒精来麻醉自己，最后，她竟然堕落到用身体来换钱的地步。

不是每个女人都可能遭遇这样的天灾人祸，但是生活中的变故多着呢！即使你身边的男人一生平安，你能保证他的心永远不变吗？再美丽的女人，也有看厌的时候，再轰轰烈烈的爱情，也有归于平淡的时候，到了那时，你还能抓住什么呢？

碰到一个爱你的、能够保护你的男人是一种幸福，但是一定要记得，无论是哪个人来保护你，都没有自己保护自己实在。

工作对于每个女人来说，不但是养活自己的需要，也是一种自我成长的途径。即使你有幸可以不出去工作（事实上，这是幸运还是不幸，是很难界定的），也要注意保持自己的社交圈子，千万不能把老公当成唯一的圆心。

当一个女人以温柔体贴的妻子形象站在丈夫身边，陪他一起生活的时候，她可能会忽略了自己的朋友圈子。如果在他的世界里，灯红酒绿，人来人往，一回头，却孤单寂寞，冷冷清清，这种反差，不利于女性的身心发展。

无论对任何人，付出的底线，是不丢掉自己的生活。

当你因为照料自己老公和家庭而疏远了昔日的朋友时，从家庭的狭小空间里出来透透气是绝对必要的。

与朋友的交往，可以帮助你解决许多问题。美国心理学家凯瑞·米勒博士在一次调查报告中公布，对于87%的已婚女人和

95%的单身女人说，她们认为同性朋友之间的情谊是生命中最快乐、最满足的部分，为她们带来一种无形的支持力。这种亲密的关系，作为一种预防性措施，一种对于免疫系统的支持，还能够降低疾病对你的威胁，无论是头疼脑热还是心脏疾病以及各种严重的身体失调等，也就是说，一个人要保持身心健康，不仅需要锻炼身体和正确饮食，更需要正常社交生活的维护。

在与朋友的交往中，每个人都可以扩大眼界，增加新的信息，同时也得到了理解与放松。

并非一切以老公为重心才是爱他，当你的风采逐渐消失，能力逐渐退化时，对你的家庭又有什么好处呢？

女人拥有正常的社交生活，可以凸显更加完整的自己，时常给老公一种新鲜感。同时，女人在自己的朋友圈子里培养出来的时尚、机智、落落大方的风度，有助于在社交场合更出色地扮演好老婆的角色。

命运私语

当一个女人把男人当成生活的圆心，以家庭为半径活动时，她的各种生活能力就会逐渐退化。这时候，如果她的感情生活再出现一些变故，结局肯定会很悲惨。

当激情消减时，智慧需要尽快跟进

恋爱是一种激情，但是激情往往不能持续太长时间，当激情消退的时候，女人不免要感叹："为什么结婚后所有的感觉都变了""为什么一切不像从前了"？是的，如果你想在漫长的婚姻生活里寻找当初的甜蜜与沉醉，多半要以失望告终。对于这种感情生活里的自然现象，我们每个人都是无法逆转的，大吵大闹或者转身离开，不但无法解决问题，反而要使糟糕的局面更为糟糕。

婚姻像是一把伞。有了它，风雨烈日时自然舒适无比，但在平平常常的天气里，多了一把伞难免是累赘。问题在于人生中风雨总是少的，而大多数时间总是平淡的。

所以，维护一种美满婚姻的秘诀，就是尽力过好那些平平淡淡的日子。

巴尔扎克在《两少妇的回忆录》中写道："婚姻产生人生，爱情只产生快乐。快乐消失了，婚姻依旧存在，且诞生了比男女结合更宝贵的价值。故欲获得美满的婚姻，只需具有那种对人类缺点加以宽恕的友谊便足够。"

婚姻里的女人，应该有足够的智慧使自己的感情生活不那么平淡和乏味。

不管男人们多么威风八面、趾高气扬，在每个家庭中，其实还是以女人为核心的，家庭气氛的好坏，也把握在女人手里。男人大都有些孩子的心性，给了他们最需要的，他们就高兴了、满足了。

女人的法宝，就是给他们最爱吃的糖。

男人虽然喜欢聪明的女人，但是他们希望你把能力隐藏起来，让男人走在你的前面。所以真正聪明的女人从不咄咄逼人，在优雅、温情中表现出她们的能力，有一种耐人寻味的女性韵味。

无论你的老公多么平凡，只要你还爱他，还不想中断你们的婚姻，维护他的自尊就是你分内的事儿。当甜言蜜语的说服力不够时，你甚至可以借助一些善意的谎言，来编织你们的感情纽带。

现在市面上有很多少年得志，腰缠万贯的男人，可你的丈夫只是一个囊中羞涩的打工仔。你爱上他，不是因为他的存折，而是因为他的本身。因为他健康、勤奋、幽默、善解人意而又忠实可靠。现阶段他的确没有给你买房、买车的能力，为此他时常向你道歉，抱怨自己没本事，让你受苦。此刻，无论如何你要编出一个美丽的谎言："我真的不介意你有多少银子。"

在老婆面前，你的丈夫总有些盛气凌人的感觉。突出表现是在和你谈天论地的时候总是喜欢争论，而且一定要分个高下。当然如果是你高他下，他肯定不会 stop（停止），他会在马路上突然提高音量，为了电影中某个角色的演技高低和你较劲。此刻，提高音量和他针锋相对显然是不明智的，你需要给男人一点面子，哄哄他"你是对的，说得蛮有道理的"。暂时的退让只是为了日后更好地取用，男人总自以为是地认为自己知道一切、控制一切，可真正有实际控制力的是女人，女人总能不动声色地操纵着全局。所以，别和他计较了。

我们都希望自己爱上的男人像施瓦辛格一样有一身发达的肌肉，像日韩明星一样有一副英俊的面孔，但是说出来，无疑让他伤心悲叹、自惭形秽。告诉他，你喜欢他毛茸茸的啤酒肚，因为它让你在冬天感觉到春天般的温暖；告诉他，你喜欢听他夜里像大灰熊一样打鼾，这样你感觉到安全。如果你爱他，就告诉他，你欣赏他的一切，他的缺点就是他的特点。你爱的就是他，他不必为了和你在一起而作出改变。

生活中的摩擦不可避免，女人要明白，有一些善意的谎言可以减少矛盾的伤害，甚至拉近你们之间的距离。当然，以从小我们受的教育，做人要做诚实的人，但是做女人，你必须做聪明的女人，才能在两性关系中对男人更有吸引力。为了让他更爱你，为了让你们的关系更紧密，你必须给予你的丈夫积极的影响。

如果你以为这些取悦男人的小伎俩让女人很受委屈，那么我们必须要明白这样一种道理：第一，如果你的老公不是铁石心肠的木头人，他不会体谅不到你的心意，爱也是相互的，你给他的，他也会投桃报李；第二，用智慧做你的婚姻的润滑剂，归根结底还是为了自己。对于一个女人来说，你创造了天堂，你就是天堂里最可爱的天使；你创造了地狱，你就要永久地忍受地狱里的磨难。

命运私语

婚姻是两个人相互配合，才能美妙地旋转起来的舞蹈。在漫长的生活里，男人关爱女人，女人体贴、鼓励男人，都是为了让自己的生活更为和谐和美好。

男人吃软不吃硬，女人要懂得"示弱"

人说"不吵架不是真夫妻"，这话有道理，两个个性独立的成年男女在同一个屋檐下共同生活，有点儿小小的矛盾也是正常的。闲来无事拌几句嘴，倒有加深理解、交流感情的功效。只是有些女人，"抓尖儿"惯了，夫妻之间也是如此，每次争吵，定要发挥女性的语言天分，证明自己绝对有理而老公绝对有错。

这就有些过了。世上最大的空耗之一就是与人反复争论——与老公理论你们家的空耗更要加倍，争论的结果是使双方比以前更相信自己绝对正确。要是输了，当然你就输了，如果赢了，你还是输了，因为争论赢不了他的心。

如果你把老公批驳得面红耳赤、哑口无言，难道就是胜利吗？不，他不说话，只不过是认为一个大男人不值得和老婆较真，更严重的，他会以为你不可理喻，不愿意再浪费心力了。想想看，是一场小小的争论重要，还是你们长远的感情更重要呢？

更重要的是，夫妻吵架，大都不是什么原则问题，有些女性朋友，更是想起一出是一出，随时可以从老公身上找到新的话题。下面的场景，相信大家都很熟悉：

"亲爱的，我非常爱你。"丈夫说："但是你必须别再找我的错了，你快把我逼疯了。我敢打赌，不到一分钟，你就会找出什么错来！"

"行，让我们赌吧！"妻子答道。不一会儿，妻子突然说："这里真热，你为啥总不开电扇呢？”

“哈！”丈夫叫起来说：“我知道，不到一分钟你就会找出一个错来。”

“嗯，”妻子承认道，“那我坚持了多久呢？”

“30 秒。”

“30 秒？去你的吧！”妻子大吼，“我不是告诉你不要买外国表吗？”

这就是导火索，这战火要蔓延到什么地步，就取决于两个人的心情了。最严重的，要把双方从恋爱到结婚以来所办的丑事、错事都翻出来，证明你的眼光一向差劲，我的选择一向有理。然后争执演变成冷战，一个卧室一个客厅，把对方当成一团空气。

明达的人早就说了，“夫妻之间没有胜负，要么双赢，要么两败俱伤。”平凡的夫妻，醒悟得晚一些，但总有回过味儿来的时候：有什么好吵的呢？不管怎么说，他或者她不都是自己最亲近的人吗？剩下的问题，就是怎么拉下面子，和好如初。

女人一般都等男人先开口，这当然没什么毛病，男人哄哄老婆，那是他表现爱情和风度的机会，我们应该成全他。只是男人也有烦的时候，也有累的时候，如果哪一天老婆主动表示和解的意愿，会给你们的生活带来另外一种惊喜。

罢战的方式有很多种。有些女性选择扮可怜，躲在被窝里哭，让他心软，但是，如果是自己不对，还理直气壮地扮可怜，也太过分了。有人选择说反话，比如说：“既然我们常常吵架，不如分手吧！”先下手为强，他不舍得你，自然不敢再生你的气，可那么随便就说分手，说得太多，他也不会再相信你。

女人求和，应该用女人的方法。你有一些要在背后拉拉链或扣扣子的衣服吗？吵架之后，他坐在家中一角默默无言，你可以走到他面前，转个身背对着他，跟他说："可不可以麻烦你替我拉上拉链。"或是："可不可以替我扣上扣子，我扣不到。"你不过请求他帮忙，男人一定有这种绅士风度。一般愿意替你拉上拉链，他就不会再生你的气了。这个时候，你可以转过身来拥抱着他，这是最柔情的道歉，百发百中。

男人都是吃软不吃硬的，老婆如此给他台阶，怎不让他感动得一塌糊涂？

千万不要以为示弱的女人没有本事，她们虽然低头，但不是一味低头，那些一味低头的女人才是真正的弱女人，示弱的关键在一个"示"上。在高情商女性的爱情宝典里，聪明的女人适时流露出天真和弱小，她将收获诸如呵护、疼爱、帮助、信任等一系列的良性结果。

命运私语

女人应该在"两个人的时候柔弱，一个人的时候坚强"。"示弱"并不是真的弱，而是以你的柔弱来唤醒他的柔情，那种绝不认输的争论，只能伤害彼此的感情而没有真正的赢家。

婚姻不是坟墓，而是和他一起实现梦想的契机

有一句话是老生常谈了，可是很有道理，我们依然需要重新提起：在寻找你的爱人时，要睁大眼睛，婚后，就不妨睁一只眼闭一只眼。

女人找老公，自然要千挑万选，透过表象看本质，哪一项都不能马虎了。结婚之后，你和他就形成了一个整体，携起手来，往好的方向走，是应当的义务，也是你对自己的命运最负责任的选择。这是因为在不幸的婚姻之中，女人要遭受到最大的不幸，而在幸福的婚姻里，你就可以找到一生的幸福。

一种命相学认为，有些女人有“帮夫运”，她的老公，一生好运连连，做什么成什么；有些女人，则是“扫帚星”，娶了她的人，干什么都触霉头，即使不短命夭亡，也是潦倒不堪。抛开其中迷信的成分，这种说法还是有些道理的。一个男人背后站着一个什么样的女人，在某种程度上决定着他在这个世界上的表现。

有一个笑话很有意思：高速路上，克林顿夫妇的汽车抛锚了，这时，一位加油站的工人走上前来，希拉里悄悄耳语：“亲爱的，他是我的初恋情人。”克林顿得意地一笑：“幸亏你没嫁给他，不然你就成不了第一夫人了。”希拉里冷静地回答：“不，要是我当年嫁给他，他就是美国总统了。”

聪明的女人，就是一个助产士，在男人成功的道路上扮演不可或缺的角色。如果说，医院里的助产士协助医生让孕妇把孩子生

出来了，生活中的助产士则把男人的斗志给激发出来了，协助男人走向了事业的辉煌。

现实生活之中，一个平凡的女人，嫁了一个平凡的老公，把其培养成总统是太夸张，但是老婆的思想观念和日常行为，对老公的生活绝对会产生不可替代的影响。

温顺体谅、开朗大度的妻子，她的老公一定宽宏大度，在众人面前拿得起、放得下；自己抠抠搜搜，一点儿小事也要算到骨子里的女人，在她的限制下，老公一定斤斤计较，给周围的人留下猥琐、狡诈的印象，前程肯定不太光明；嘴巴最长，成天张家长、李家短，喜欢搬弄是非的女人，老公肯定也陷入旋涡，在圈子里面大失民心，不好做人；蓬头垢面，不修边幅的女人，老公做事会杂乱无章，工作没有头绪，感情不能升华，时间久了，你看我不顺心，我看你不如意，很可能引发危机。

更有甚者，有的女人爱慕虚荣，占有的欲望像沟壑，老公无奈铤而走险，家庭被逼上绝路。这类女人以前叫“红颜祸水”，现在的新名词叫“垃圾美女”。

每个在婚姻生活中打滚久了的男人，无不受着他们身后那个女人的影响，当然，这不是说他一下子就从一种人变成另外一种人，但是水滴石穿，老婆的影响是躲不过的。

明白了这个道理，我们不必再抱怨“命不好，没有遇到一个好男人”，或者“看人家某某的丈夫，怎么就那么优秀”？天生的好男人有，但是少之又少，“好丈夫都是妻子亲自培养的，没有人能够自学成才”。

婚姻可以是让我们成熟和成长的课堂，也可以是埋没人们才华和斗志的坟墓。一个合格的好女人，会用自己的灵性和智慧不断参悟人生，修剪完善着自己，也修剪完善着男人。好女人宽容善良，对待男人，她们多赞美少苛责，不求现在的他如何成功，只求他在努力中创造着。好男人都是好女人精心塑造的优秀作品。

台湾作家刘墉在一篇文章里写道："女人就要做女人，发挥女人的长处，站在男人背后，守着他的窝，拴着他的胃，牵着他的心。为他披上盔甲，看他骑上战马，再抛给他一朵花、一个吻，让他勇敢出征，凯旋而归！"

如果女人希望男人像一座大山那样可以让人依靠，那么男人也希望女人像一片静静的港湾，能够让他停泊加油。越成熟越成功的男人，越需要这种内在的支持。

命运私语

每个在婚姻生活中磨炼久了的男人，无不受着他们身后那个女人的影响。明白了这个道理，你不必再抱怨没有碰到好男人。最聪明的做法，是以温柔的手法，给身边的男人施加良好的影响，让他逐渐向好男人的方向行进。

守候好你的婚姻，聪明的女人不玩儿火

女人们常常会指责男人花心，见一个爱一个，但不知你是否注意到，在花心的男人身旁，必须有女人配合，否则，他一个人的独角戏，唱得起来吗？

一夜情、婚外恋，已经有了婚姻契约的男女，不约而同地背叛了家庭，玩起了这些让人心跳的游戏。当女人们完全被感觉和情绪所支配时，不管前面是鲜花还是火焰，都会义无反顾地走下去。她们得到了什么，又失去了什么呢？

女性的心理和生理特点，注定了她们将要为出轨付出惨重的代价。

男人的性心理虽然是开放的，多元化的博爱，但他们在选择组织家庭伴侣的时候表现得比较理智，比较现实。他们有很多寻找刺激浪漫的花心，却总把真心留在家里。他们中的大多数都是由于一时的冲动，只是身体的需要而越轨的。女人的性心理却与男人不同，她们善于幻想，有浪漫的爱情情结。当遇到感情与性爱合而为一的爱情时，她们会不顾一切地去追求，不惜抛弃几十年的夫妻感情。男人有了婚外恋，回家对老婆会比以前更好；女人有了婚外恋，看老公怎么都不顺眼。

受传统观念影响，人们在对婚外情的评价上有双重标准：男人有点儿花心是容易被人理解的，只要他们没有破坏家庭，妻子一般也能原谅他，破坏家庭的可能性很小；而女人有了婚外恋，给男人

戴了“绿帽子”，那就是男人的奇耻大辱，是最丢人的事。他们自己可以在外寻花问柳，却绝不允许自己的女人有一点儿花心。他们也不会像女人那样用温情拉她回家，有的只是暴跳如雷，拳打脚踢，即使女人回心转意，他们也容不得女人的污点，要么家庭永无宁日，要么家庭破裂。男人有婚外恋离婚了，很快就能成家了，因为至少有个痴心的女人在等他，有的女人更喜欢有婚外恋的男人；女人有婚外恋离婚了，再想成家就难了，情人早变心了，没有几个男人会喜欢偷过情的女人。男人的男女伦理道德有时是虚伪的，自私的，是专为自己设计的。

而在女人自己的内心，也总是摆脱不了一种负罪的感觉。

在她与情人在一起时，冲动几乎统治了她的整个心灵世界，有一种从未体验过的满足感。然而，每次当她回到家里的时候，自责和负疚的感觉就会强烈地反扑过来。丈夫，成了她心中一块无法逾越的界碑，上面刻满了根本无法抹掉的碑文。丈夫昔日的一切缺点，曾经是自己将感情向外倾注的借口，但此刻似乎突然间变成了对自己狭隘和刻薄的谴责，使自己失去了一切道德优势。丈夫似乎已经占领了道德的制高点，自己却处于阴森寒冷的峡谷。她突然觉得，自己不仅失去了获得丈夫的爱的所有理由，而且也失去了自己爱自己的全部理由，甚至失去了作为母亲的资格，失去了获得孩子的爱的权利。

另一方面，女人从情人那里，也难以得到真正的、长久的幸福。那个和女人一起玩感情游戏的男人，多半也是有家有室的，这就不能保证他的一颗心只在你这里。讲给你的情话，他同样会讲给另一个女人听；拥抱过你的臂膀，一转身就去拥抱另一个女人；买给你的真丝睡衣，说不定也按同样的规格、同样的款式给另一个女人买了一件。更要命的是，“另一个女人”是他的老婆，她拥有的这一切，都是名正言顺的，你拥有的这一切，却是见不得光的。

这种既阴暗又残破的爱，真的就是你无怨无悔的追求？

即使你们双双离婚，“修成正果”又如何呢？两个人都抛家弃子，以为自己为对方作出了巨大的牺牲，在以后的岁月里，你们有多少爱情可以对抗这种沉重的压力？两个人远远地对望的时候，你好我好一切都好，真正过起日子来，他不过是一个懒散的男人，你不过是一个唠叨的女人，曾经的你以为已经逃离了的烦恼依旧在上演，而这时候，为了不背负“水性杨花、善变的女人”这个包袱，你或许连逃离的勇气都没有了。

在现实中，当你心中有了某种骚动之时，先问一问自己，你柔弱的肩膀、软弱的心灵，是否能够承担起这一切的后果？

理智的女人，在感情生活中一定要有自己的底线，那种一时的迷恋、一时的刺激背后，是长长的，让人悔不当初的空虚。

命运私语

那种在婚姻之内找不到让自己满足的爱，而要在婚姻之外去寻找的念头是愚蠢的，女性的心理特点和现实的社会压力，注定她要为自己一时的冲动付出惨重的代价。

Chapter 10

宠爱自己多一点，别甘心成为“泥命”的女人

女人如水从曹雪芹开始似乎就成了定论。只是，这样的比喻只适合形容那些衣食无忧，花前月下有琴棋书画为伴的女人。世上还有另一类女人。她们其实占了大多数。她们更像泥，淳朴、厚实，在别人的思想下塑造自己的形状，根据男人的活动安排自己的生活。

这些女人无私地储存营养，滋养别人，却着实苦了自己。更让人叹惜的是，她们有泥的奉献精神，也承袭了泥的命运——身边的人都需要她，却不重视她，男人的眼光，更多的时候还是投向了那些水一样的女人、花一样的女人。泥之命是女人主动承揽过去的，要摆脱这既沉重又黯淡无光的命运，应该从爱自己开始。

舍得离开那个没有责任心的坏男人

好命的女人，自然可以按照自己的喜好，选择任何一种生活方式。有一个大前提是，这种生活必须可以让你感到幸福和满足。

在原来的农耕社会，女人要依靠男人的力量才能活下去，没有婚姻的女人，简直无法在社会上立足。今天的女人们神气起来了，一个女人如果有学识、有水平，找到一份好工作不成问题，获得一份让自己生活优裕的薪水自然也不在话下。外出有车子——出租车也算数，娱乐有朋友，维修房子有物业，男人，似乎可以退到一个可有可无的位置了。

然而，单身女性真的可以生活得很幸福吗？

不。在现今的社会模式中，婚姻依然是每个适龄女人的首选。

一个人生活，你能平静地面对父母焦急期盼的眼神吗？你能无动于衷地面对外界的关心和好奇吗？你能在看到日渐增多的白发和皱纹时不焦虑吗？你能在看到朋友同事可爱的孩子时不失落吗？我们不否认，有一些女性，从内心里就不喜欢婚姻，一个人生活也能自得其乐，但是对于大多数女人，还是走一条与大众相同的道路，更容易获得幸福感和满足感。婚姻之内，也有争执，但这叫“烦恼”，是易来易去的；一个人走，欢乐和痛苦都落不到实地，这叫“忧心”，在你漫长的生活里，它总是时隐时现，吞噬着你的美好生活。

无论如何，聪明的女人在自己青春正灿烂的时候，就要收拾起游戏人间的心情，开始“为结婚而恋爱”。

美国电影《B.J单身日记》大胆地向世人宣称：“我已彻底厌烦了单身生活！我要结婚！”其实这也是大多数单身女人的心声，因为她们已经不再年轻，对男人毫不在乎的日子已经成为过去。有一些女人，约会无数，恋爱无数，但是几乎没有和哪个男人维持过稳定的关系，男人们不肯结婚，连一句承诺也得不到，这使得现代单身女性陷入了最深切的不安全感之中。

女人的恋爱，寻找一个合适的拍档是最主要的问题。这就比如两个人合伙经营一种生意，一方是希望做长线，以此获得稳定的生活，另一方却是为了锻炼身手、增长见识，那么他们合作的前景，又能好到哪里去呢？把恋爱当成结婚的先期准备的女人，离开那些只想在男女之情中寻找乐子的男人，是你当前最重要的一件事。

有一种男人，被称为“九周半”型。他们的热情大约只维持两个月，两个月后他们的专注和爱恋就会移师他向，被他们爱上的女人常常正沉浸在醉人的甜蜜中时惨遭当头一棒，连一种合乎情理的解释也没有。

你的愿望是婚姻，他的目的是实践，这种男人对女人的伤害是不言而喻的。为了不让自己陷进去，你需要一开始就擦亮眼睛，对他有一个准确的判断。

他是否从未带你进入他的世界？你可认识他的朋友兄弟？也许两个月还谈不上拜见公婆，可是他是否连家里和办公室的电话都不肯给你，只让你在流动状态下找他？仔细想想，你们是不是这样的联络方式——他随时可以找到你，你要找他就不那么容易，多数情形下傻乎乎地等他的回音？不是说男朋友一定要以你为荣，时时处处地带你在身边出双入对，但若他喜欢让你处于地下状态的话，你可以认为他随时准备结束这段恋情。

太年轻的男人容易是“九周半”型男人。他热爱冒险，喜欢流浪，怕被一个女人套牢。超过30岁的男人，心情已经大致安定下来，但也还有人为他已经习惯的自由自在的单身生活寻找不结婚的借口。如果你认为自己不是一个只靠恋爱就可以活一辈子的女人，离他们远一些，是避免受到伤害的不二法则。

单身对你来说，不是彼岸，而是小站，是两段感情生活之间的过渡。那些好命的女人，大都有着现实的生活态度，她们不需要那些表面的浮华，而是定下心来，寻找一个以居家为乐的男人，快快乐乐地过日子。

命运私语

对于大多数女人，还是走一条与大众相同的道路，更容易获得幸福感和满足感，在现今的社会模式中，婚姻依然是每个适龄女人的首选。离开那种游戏人间的坏男人，是你获得幸福生活的前提。

即使第N次失恋，也不要迷失自己

失恋谁都不愿意碰到，可它的存在是必然的，开始与结束，得到与失去，本就是一对孪生姊妹。对于心理正常、情绪稳定的女人，失去了也就失去了，小小地难过一下，并不妨碍她打起精神去做别的事；对于那些不知善待自己的“泥命”的女人，失恋不仅仅是失去了一段感情，同时失去的还有生活的信心。她们的思路是这样的：他离开了我——没有魅力的女人——我的人生是失败的人生。其实这中间，只有你和一个男人分手是事实，其余的一切，只是你一种悲观的想象。

女人可以失去爱情，但不要因此而失去生活，迷失自己。有些人一旦失去了爱情，就连生活的重心也失去了。只剩下无助、寂寞、孤独、消极、悲观，甚至失去对生活的信心。可是再过几十年，等到自己老了，活明白了，回首过去，怕只剩下惭愧和悔恨了吧？

逐渐淡漠的爱情势必会走向分手，即使你仍深爱着对方，也要学会自己慢慢消解这段感情。你们的感情已成过去式，以后你要学会把“我们”这个词汇从头脑里抛开，以“我”的眼光来看待这个世界。

失恋是一杯红茶。前味苦不堪言，细品之后的余味却绵长细密，丰富了你的内心你的生活。如果正承受失恋痛苦的你暂时还不能接受这种说法，那么我们不妨现实一些，用学会一个人生活来为恋爱疗伤。

虽然会有很多人告诉你，只有下一次恋爱的开始才能让你真正走出上一段的阴影，但那也要在你独自过一段生活之后才能够发生。不要指望刚分手便立时会有王子骑着白马过来搭救，即使有，在你未走出前一段感情阴影、未能有时间好好汲取上一段感情的养分之前，你都有可能重蹈以前的覆辙，在失恋的路上越走越远。

如果你终究难以忘怀前任男友，一天拿起手机好几次，只想给他拨个电话——在这儿劝你对自己狠心点，闭上眼睛深呼吸，毅然丢掉手机——否则，等待你的电话内容无非先是一长串尴尬的省略号和逗号，然后在“我们不是已经结束了吗”的冷淡质问里挂断。

何必呢？伤了自尊，又不能改变既定的事实。你为何就不能学会并习惯一个人生活呢？一个人生活不是孤守他离去后的那片天地，而是独自坚强地开辟出一片新天地。塞翁失马，焉知非福？独立寒风的滋味虽然不好受，却是心智成长的最好时节。

一个成熟的女人，就要理智地对待自己的情感，千万不要因为某个人而痛苦且消极地活着。感情的事情并不是谁都能把握得了，为什么要为一个已经毫无相干的人而让自己陷入不愉快的心情中呢？一个不懂得欣赏你的人，没有资格让你为他难过悲伤，每一个人的人生都是美好的，某个人的离开，只能说那个懂你的人还没有出现。他不是你生活的全部，与其让自己陷入一个无望的爱情中，不如潇洒地转身，投入到付出与回报成正比的工作和学习之中。

在2006年里，谢娜和刘烨分手了。但在这短短的一年时间里，谢娜也迅速蹿红。出书、拍话剧、做主持人、出新专辑、拍广告……她的事业全面开花。当有人把她和妮可·基德曼作类比时，她开怀大笑："谢谢大家抬举我！我没有她那么大成绩。我只是现在把全身心都投入到了工作中。"

也许人生中的得与失原本就是个奇妙的悖论，她失去了刻骨铭心的恋情，却也从此冲破了"某某女友"这个拘束的头衔，虽然整个过程痛并艰辛，但破壳而出之后却爆发出自己的所有能量，开创了另一方天地。正如谢娜所言："我还是憧憬美好的爱情，但是没有爱情，我一样精彩。"

这个世界上，没有谁离开谁活不下去，除非他是给你提供水、空气、阳光和食物的上帝，所以，那句"没有你我活不下去"的傻话最多只是强烈的感叹，千万不要相信那是真的。

女人不要犯傻，切记不要把爱情视为你的一切。千万不能因为爱情而放弃自己的事业、爱好和友情，放弃了这些宝贵的东西，也就放弃了你作为一个独立的人的创造能力。要知道，真正能给你打击的不是失恋，而是你自己对待失恋的心情，走出阴影之后你会发现：他不过是一个极为普通的男人罢了，当初自己对他的迷恋，幼稚又可笑。

命运私语

把爱情视为一切的女人，是执迷不悟的女人。失恋，只能证明你失去的那个男人不懂得欣赏你，并不表示你就是没有魅力的、不幸的女人。如果因为失恋就否定自己，你在失恋的同时失去的还有你的未来。

自己先上岸，才有救助别人的可能

除了极少数幸运者，我们人生总有遇到一些波折，甚至在毫无准备的时候接受一场意外的考验。女人最容易受到传统观念和文艺作品的影响，她们往往会以为在困境中与亲人彼此温暖、一起苦熬是令人感动的高尚，谁要是独自逃离，就是背叛了爱心与亲情。她们暗自感叹：“看来真是人生难料啊！这一切都是命中注定！”

事实真的是这样吗？不，在能否过好日子这个问题上，比“有天赋”和“命好”更有影响力的就是“聪明”，它决定着你是否能够作出明智的抉择。一些同情心过于丰富，对自己的命运缺乏主观认识的女人要知道，只有自己先上了岸，才会有救助他人的可能，否则大家一起在波涛里沉浮，终归是于事无补。在两难的困境之中，女人最明智的选择应该是努力提高自己、充实自己，然后以你的经济能力，激活命运的残局。

于青是一个家境贫寒的女学生，当初，父母希望她高中毕业后能够早日工作赚钱以贴补家用。但是，她却坚持考上大学，靠着奖学金和打零工维持自己的大学生活。两年后，当弟弟考上大学却凑不足学费的时候，父母劝她休学，并把存下来的学费拿出来给弟弟用。她却坚持说，一定要将书念完，自己不能随便休学，但她愿意把缴完学费后剩下的钱给弟弟。

无奈之下，父母最终还是借钱帮弟弟交了学费，而她却被人说成是“只顾自己的自私鬼”。

辛苦地完成了大学学业后，她成为一名护理师。六年后的某一天，她拿出了一大笔钱，请她父母搬到一处更大的房子居住，并资助了弟弟一笔创业基金。

从此之后，她所到之处，大家都会称她为“孝女”。

有很多环境不太理想的女人，当自身的能力还没有完善时，身边的人却已经在等待她们的帮助。于是她们只好拼命地工作，资助了亲人之后，薪水所剩无几，自己只好又投入下一轮忙碌中。

我们无法考证，到底是什么人依据什么规定，强调女人的美德就是无条件牺牲。但是，将金钱投资在自己身上就不一样了。把原本送给别人的金钱投资在自己身上，终将给自己和周围的人带来加倍的回报，这对彼此都是一件好事。而你的生命究竟有多大的活力、多大的发挥空间，终将取决于你的经济力量。想想看，对于你的家人，是报酬微薄的辛苦、同情的眼泪还是切切实实的物质援助，哪种更有效果呢？所以，你在投资自己的时候，不必有抱愧的心理，为了你们的长远利益，你这么做有充分的理由。

在你生命里的潜力还没有被充分挖掘出来之前，且不要为眼前的枝节问题分心。但是据我们所知，爱情往往是考验女人的又一道关口。

李瑛念大学的时候，是学校里的风云人物，不仅学习能力强，而且多才多艺，不论唱歌、美术还是运动，她都有着超凡的实力。她的目标是，先拿到大学文凭，再到德国一家著名的研究所继续深造。她总是说，在未实现自己的梦想之前，她不想为任何事情分心。

可是这时候她爱上了同校的一位韩国留学生，两个人爱得水深火热，一时也不舍得分开。后来，她的男朋友期满要回国，为了两个人能继续在一起，李瑛毫不犹豫地申请休学。面对周围朋友的劝告，她说："没有牺牲的爱，能称为真正的爱吗？如果没有真正的爱情，人生还有什么价值？况且我已经计划好了未来，你们不用操心。"

虽然身边的亲朋好友都替她担心，但也觉得凭她的聪明才智，应该可以处理好这个问题。

可是，到了韩国后，由于环境的压力和生活的矛盾，两个人很快就分手了。李瑛在彷徨之余，连计划已久的留学也放弃了。她又转换了目标，开始准备公务员考试，但成绩不尽如人意。她现在只是一个公司的小职员，离自己当初的理想已越来越远。

李瑛的人生为何如此不如意呢？难道是因为那个让她痴心相爱，却最终分道扬镳的男友吗？或者，只要她能顺利通过公务员考试，人生就会走上平坦大道吗？这些都不是问题的关键，关键在于李瑛尽管很有天赋，却缺乏创造幸福生活的资质。她为了一个没有约定好将来的男朋友，就轻易地放弃了自己的梦想，这是一个天大的错误。倘若以后她能认识到这个错误，那还算幸运，只怕她没有反省的意识，反而找借口掩饰自己错误的选择，那么，难保她不会再犯类似的错误。

人生是选择的延续。众多的选择组合在一起，构成了人生的框架，而这些选择取决于你的心理倾向和性格。

就算现在别人会说你是一个"自私鬼"，你也要先为自己的成长投资。例如，选择不拿第一个月的薪资给父母添购新衣，却下定决心报名参加计划已久的英文课程；不帮男朋友赶一篇重要的报告，也一定要参加公司的学习研讨会。能够作出这种利己选择的女人，才可能走出既定的小格局，举重若轻地承担起人生的责任。这无论是对自己还是对身边的人，都是一种福气。

命运私语

对于你的爱人和亲人们，是报酬微薄的辛苦、同情的眼泪还是切切实实的物质援助，哪种更有效果呢？所以，女人在投资自己的时候，不必有抱愧的心理，为了你们的长远利益，你这么做有充分的理由。

聪明的女人，别让自己落后男人太远

很多女人都有一个梦想，今生和自己心爱的男人在一起，白手起家，出人头地，夫贵自然妻荣，幸福也就在自己眼前了。

但是如果两人不能同时成长，想仅仅靠一种恩情拴住一个人的心，无论如何是危险的。最常见的结局就是，穷人富了，口味变了，新的诱惑无法抗拒，老婆的幸福生活变为泡影。

有这样一组漫画：

第1幅：男人骑着自行车带着女人，女人用手揽着男人的腰，把脸紧贴在男人的背上。

第2幅：男人开着车，女人坐在旁边，将手揽在男人肩上。

第3幅：他们换了一辆较宽的轿车，男人开着车，女人坐在旁边，两手抱着手袋。

第4幅：他们又换了一辆豪华轿车，男人开着车，女人远离男人而坐，脸上阴云密布。

这组画面生动地描述了许多夫妻的情感历程。生活中有许许多多这样的实例，原本十分相爱，在困境中也共同度过的夫妻，当生活条件发生了大的变化时，却出现了严重的感情危机，甚至分道扬镳，各奔前程。

作为妻子的一方，如果自己的丈夫在外面成就了一番事业，也很容易对男人产生依赖感而忽视了自我发展，这就会造成一个前进、一个滞后的局面，造成双方心理上的不平衡。

有人说“好女人就是一所好学校”，这种说法肯定是男人编造出来的，千万不要信。女人望夫成龙，心甘情愿做学校的结果，只能眼睁睁看着辛苦培育出来的学生毕业后离开学校。铁打的营盘流水的兵，再好的学校，也不可能留学生一生一世。这样的例子太多太多。当初人见人赞的郎才女貌，隔了十年再看，郎才更上一层楼，是才上加财；女貌成了抹布，越用越旧。差距越拉越大，男人嫌弃枕边人似乎就成了顺理成章的事儿。

这么看来，女人决不能只甘心做一所培养好男人、感化好男人的学校，她应该和老公做一对好同学才是。若干年后，他学业有成，她的内涵也更充实，即使有一天他站在一个万众瞩目的位置，她也毫不逊色。

前柬埔寨国王诺罗敦·西哈努克曾经是一位风流多情的花花公子，然而在一次中学选美活动中邂逅了莫尼卡·伊吉后，便为她的美貌所倾倒，从此收起多情，专注于她一人。

莫尼卡居然能够使这位风流君主变得情有独钟，忠心不二，简直是令人难以置信。她有什么回天的魔力呢？

西哈努克自己的回答是：“她受到过良好的教育，为人谦虚，举止稳重，很有教养，聪明伶俐，再加上高雅的性格。”

的确，莫尼卡不仅仅有外在的美，而且有几乎接近于完美的品格，稳重矜持的举止，优雅高贵的气质，温柔善良的脾性，有经历大场面所需的贵夫人风采，大有莫尼卡所到之处，满堂生辉之效应。而这些是西哈努克以前的所有情人都欠缺的。

为什么一国君主的妻子不叫妻子，而称之为第一夫人？

因为，她不仅仅是一个男人的妻子。不管她是否美貌如花，倾国倾城，这并不重要，重要的是，她要举止得体，要有智慧，要懂得她的所有言行是不是和她的天下第一男人之妻这个位置相匹配，她的一笑一蹙眉，都关乎丈夫的形象。

和丈夫出访各国，她要以优雅的礼仪、得体的谈吐、良好的形象出现在公众面前。这时，她不仅代表她自己，还代表这个国家所有的女性。

如果她的表现不到位，将会使她的丈夫置于尴尬的境地，当他不再以她为荣的时候，只靠旧日的情分，难说他们的完美关系还能维系多久。

第一夫人不是随便做的，给一个平头百姓当老婆，同样也不轻松。麻雀虽小，各种脏器的功能不变，他的职业场所就是国会，他的家人亲戚就是王室，他的朋友伙伴就是选民，给他提气还是给他丢脸，全在你的表现如何。

在他落魄的时候，妻子是男人的棉袄，对款式要求不高，但要够厚实，够温暖，还不能太娇贵了，即使不小心划了个口子，自己也要学会修补。

当他的事业有了起色，需要的就是一件夹克了。在家穿着也舒服，出去也不丢面子，那些和男人一起闯荡世界的，都是夹克式的女人。

当男人脱掉夹克换成西装时，女人一定要切记，这是男人成功的前奏或表现。因为，当他觉得需要穿西装出去应酬时，说明他的自身品位已经脱离了夹克的普通和随便，他需要得体的举止、高雅的谈吐、庄重的仪表来匹配，这样，他在应酬中才会神采飞扬。因为，男人看重自己及他的女人在社交场合带给他的那种灿烂的光环和被别人仰视的感觉。

当老婆的，不要总是责备男人喜新厌旧，先看看自己，是不是旧得有些落伍了？爱需要与时俱进，需要相互学习、勉励、互补。

事实上，男人本身也是女人的衣裳，不同的是，生活中的大多数男人，发现自己不合时令，他就会修剪自己的款式，提升自己的品位。男人不用别人告诫他要与时俱进，他自己就会有种危机感。所以，妻子们也不要抱残守缺，坚持“本色”啦！

命运私语

女人在和男人携手打天下时，你可以给他提供最可靠的支持，但是不要丢掉了自我更新、与时俱进的能力。如果两人不能同时成长，想仅仅靠对你的感激来拴住他是不可能的。

别让日复一日的操劳埋没了你的价值

在我们的传统里，中国女性一向以温柔、顺从、勤劳、忍耐为美德。拥有这种品格的女人是一个苹果，吃起来固然清甜可口，没有它也没有什么不行。

女人们，尤其是那些期望靠自己的力量获得成功和好命的女人，应当充分发掘出自己个性中勇于进取和承担责任的一面，来获得社会对你的认同。最终可以衡量一个人价值的还是你的成就和业绩，否则不论你作了多少默默无闻的奉献，也不能换回自己想要的东西。

在公司里，秦小枫以文静、勤劳而出名。在没有人要求的情况下，她每天都提早上班，帮所有的同事擦桌子，连办公室的地板都拖得干干净净。其他人任务繁重时，理所当然地叫小枫为他们跑腿打杂，小枫也二话不说就帮忙。偶尔部门同事一起聚餐，她也不让其他同事动手，自己包办所有布置餐台和清洗碗筷的任务。虽然要做好自己的工作又要帮其他同事的忙，时常让小枫感到劳累，但是，她并没有觉得多辛苦。她很高兴能够以这样的方式得到别人的认同，而且经常习惯性地说，努力做事让她感到满足。

相反，同一部门的张雪，对办公室里的杂事却从来没有兴趣。她业务能力强，做事也认真专心，在公司里与同事相处也十分融洽。张雪常常思考怎样才能让自己成为市场方面的专家，有闲暇时间就收集“情报”，也在公司内外建立了良好的人际关系。

两年后，张雪如愿以偿地得到了加薪，并调到了期待已久的市场营销部。秦小枫依然在办公室做些可有可无的杂务，当着义务的“清洁工”。

女人为自己寻找好的出路，必须要多动脑子，否则你会一辈子活得辛苦。无论在什么样的情况下、什么样的环境之中，你都要争取做主角，演好自己分内的戏，而不是被跑龙套的活儿指使得团团转。

当年撒切尔夫人就任英国首相，报纸上曾经登出她在厨房为丈夫烤蛋糕的照片。这种姿态，主要是为了表现大不列颠首相的亲和力，也等于在间接地教育女人说：“看！人家首相也做家务。你能比她更忙吗？你担当的责任能比她更大吗？所以你不能逃离厨房。”但是对于撒切尔夫人，这种表演可能只是偶尔为之，也并无人挑剔她做的蛋糕的颜色和味道。因为人们知道，烤蛋糕毕竟不是她的主业。

对于世上那些普通的女人来说，必须明白什么才是自己最重要的事情，不要被社会上的某一种绝对观念迷了眼。

在工作中只是任劳任怨而不懂得提升自己素质，是得不到你想要的东西的。在家里，你的勤劳和辛苦也不能帮助你留住老公的心。

不必理会那些即使女人的事业做得再好，也不能忽略了家务的观点。对于职业女性，事业才是最重要的，只有做好了事业，才能真正给我们带来经济和精神上的独立，而这正是我们获取幸福的坚定基础。

就像古时候的“君子”可以以治国安邦为理想而不事稼穑一样，今天的职业女性同样也要学会回避手足胼胝的操劳。在生活中，我们要做的是努力学习知识，提高能力，以争取更高的职位和更好的待遇。放心，这不会影响你的家庭生活，现代男人需要一个携手共进的伴侣大于需要一个温柔贤惠的老婆。你的修养，你的个性，你的自信，你的微笑，都已经是可以送给他的最有温度的爱情了。

只要你真正有能力，就有资格看不起那些蝇营役役的“鄙事”。是的，社会需要各种类型的人共同支撑，但是具体到某一个人，能上升一步时，就不要让自己往下滑。

很多女性对于自己的生活把握不好，大都是因为没有足够的自信，把社会上最普遍的眼光和看法当成自己的观念。时间长了，就养成了靠他人意见才可以做事的习惯，自己也就懒于思考，只是被动地重复着日复一日的工作和生活。

这样的女性就是泥命的女人的代表，因为她们连自己想要什么都不知道，连自己的个人意见都没有，何谈得到自己的人生追求呢？

命运私语

女性在生活中要力争上游，那些承担了一切杂事、琐事，默默无闻地为别人付出的作风，是一种美德，却体现不出一个人的价值，也不能得到自己想要的东西。

爱是一种能力，麻木和迟钝的女人最可悲

很多女人经常会问：“怎样的妻子才是一个好妻子？”这的确是一个非常值得研究的问题。

一个被众人公认为贤妻良母的好妻子，往往失去了丈夫的爱，而那些茶不烧、饭不煮，经常会使些小性子的女人却能够获得丈夫的心。这是不是有点儿奇怪？

有一个非常贤惠的妻子，因为丈夫另有所恋，痛哭流涕，对着她的好姐妹，捶胸自问：

“我究竟做错了什么事啊？我不抽烟，不喝酒，不打麻将，甚至商场也不逛，连朋友也不多交一个，每天安分守己，省吃俭用地过日子。对丈夫体贴，对公婆孝敬，为什么丈夫对我还不满意，竟会这样对待我？我有哪一点对不起这个家？有哪一点对不起他了？”

也许，她的确是个好妻子，对这个家，无论公婆、丈夫、儿女，她谁都没有对不起。

然而，糟糕的就是她做错了一件事——她在丈夫眼中，不再是一个女人，再也不存有一点女性的个性和娇媚。

一个女人，当她成为一个男人的妻子时，她的作用不仅仅是为男人生儿育女、操持家务，还要有爱的能力，让男人心甘情愿爱你的能力。你一味地为他付出，他却未必领情或感激，因为，男人需要的是一个能激起他征服欲、占有欲的女人。

世界上有很多让人叹息的女人，从来意识不到自己应该扮演

的是一个什么样的角色。对于自己的老公，她只知道对他好，只知道对他无怨无悔地付出，不会爱，也不懂爱，像白开水一样乏味，到头来，只能让男人在一成不变的生活中心生疲惫。

在这种干巴巴的女人中，有人是天生情商太低，又受出身教育所限，对于男女之爱，缺乏表达和接受的感应力。但是有很大一部分女人，也意识到自己的症结所在，只是不知从哪里入手，来唤醒老公的柔情，回应老公的柔情。

爱是这世上最奇妙的东西，似乎与生俱来，但同样也需要后天不断地学习改善，学会爱与被爱，是所有女人一生的必修课。

不懂得爱的女人，是不解风情的女人，是麻木和迟钝的女人。事实上，有许多在其他方面能力超群，处理事情条理分明的女人，面对爱情却有些低能，白白辜负了世上最美好的风花雪月。

感受爱，理解爱，就是永远不要忽视老公为你的付出——即使只是一件微不足道的小事。男人若为你做事，不管做得好还是坏，一定要以鼓励为主。大多数好男人，其实很愿意为女人做事的，即使没想到，你告诉了他，他还是会尽心尽力去做的。但做得好不好，做多还是做少，很大程度取决于你自己。

安和华家住在蒙特利尔。安要带儿子回国一个月，为了省钱，她独自坐了火车到多伦多上飞机。华一人在家，度日如年。好不容易盼到了妻儿的归期，赶紧乐颠颠地跑到多伦多去接。谁知太太的第一句话却是：“你真傻帽，你这样一来一往，我们的钱不就白省了吗？”华本来还有满腔的柔情蜜意要诉，被这当头棒喝，一下子变得哑口无言了。

女人所做的这种煞风景的傻事，其实有很多。男人最头痛的大概就数给女性买礼物了。如果情人节买一束花，太太心里虽然很喜欢，嘴上却说：浪费那钱做什么？买一件衣服，太太却说：难看死了，或者是这早就过时了。可想而知，要再有下文就难了。不管他为你买什么，能透过那些物质，看到后面那颗爱你的心，并对那颗心存着感激，便很好。即便不是一颗很爱你的心，但有了种子，你还怕它不开花结果吗？

爱是一种能力，一种技巧，人类天生有爱，但并不是每个人都懂得爱，于是那些懂得爱人也懂得享受被爱的女人，在人群里就会散发出一种不一样的光芒，深深地吸引着男人的心。

有这样一对夫妻，丈夫才华出众，风度仪表，也无可挑剔处，而他的妻子，却只是一个平凡的女人。令人不解的是，他们结婚十年，一直相爱至深，丈夫对妻子更是体贴有加，仿佛被她施了魔法。在一次酒后，丈夫终于对一个好友吐露了自己爱情的秘密，原来，当初他们由别人介绍认识的时候，男人并没太把女人放在心上。但是在交往中，女人的善解人意打动了男人，印象最深刻的，是在情人节的时候，男人例行公事般地送了一束花。但是女人接过花束之后，竟然深深地把头埋在花间吸了一口气，抬起头来，双颊潮红，眼睛晶亮，让男人看到了世上最美的一瞬。从此，他义无反顾地爱上了她，而她也从来没有让他失望过，哪怕最细微的关爱，她都深深地感动着，一再表示，自己是世界上最幸福的女人。

爱情是一组男女声二重唱，总要有人应和，歌声才会更加美妙。若一方热情似火，一方无动于衷，多深的感情，也会渐渐冷下去。

女人以敏感的心去接受男人的爱情，其实就是一种最圆满的给予。当男人看到自己的热情换来更浓厚的热情时，他会为一个女人如此深切地需要自己的感情而自豪，并暗暗下定决心，无论如何，要爱她一辈子。

命运私语

男人爱女人不是因为她“可敬”，而是因为她“可爱”。如果你认为无怨无悔地付出就能换来他的感情，结果往往会使你伤透了心。

生活乏味的时候，试着奖励一下自己

学会爱自己，也是女人的一项重要能力，甚至比与自己所爱的人形成良好的感情互动更重要。

爱自己就像呼吸一样自然和简单吗？不是这样的。就在我们身边，许多女人变得越来越忙碌，工作、职位、房子、爱情，各种压力一轮接一轮，使得她们心浮气躁，几乎忘了放松和享受是怎么一回事。你可以留意一下周围的人，公交车上、办公室里，甚至是公园和影剧院，在一百人之中，至少有一大半，他们的脸孔是绷得死板板的，一个“忙”字，几乎把所有的人都拖到枯燥无味的生活旋涡里。

有些女人对自己要求很严格，她们在失意或者有挫败感的时候总是很难原谅自己。这些女人给自己设立的标准通常很高，正是因为标准过高，就难免达不到要求。这个时候，就需要自己给自己平衡一下，在生活中给自己一点奖励，让自己快活一下，充分享受一下人生的乐趣，让自己重拾信心。这些奖励虽小，却可以让我们感到轻松和愉悦。

陈女士是一个长相平平的女人，年轻的时候没有什么特别之处，就是常被人称赞为“会生活”。十几年过去了，再见陈女士，已经俨然是一位贵妇人了，一举手一投足透露出一股贵气和优雅。这些年来，她一直坚持阅读，家里订阅了几份杂志，她还经常去书店购买自己感兴趣的书籍。陈女士注意保养，很爱惜自己，在家休息的时候做完家务，会为自己泡一壶花草茶，每天早上都出去散步。她还跟着电视、杂志学习如何更好地选择适合自己的头型、服饰，她的努力没有白费，她的内心给她的容貌赋予了更多的内涵。虽然年龄渐长，可是陈女士却活得越来越年轻越来越美丽了，成为同龄人中一抹动人的风景。

生活中有许多很容易做到的事情，却真的可以让我们的心情变好。女人就是这样感性的动物，总是能从微小的事物中感受到人生的美好，既然这样，为什么不多爱自己一点、给自己更多的享受呢？

有位记者曾采访过钢琴大师鲁宾斯坦，临别时大师送给他一盒上等雪茄。这位记者表示要好好地珍藏这一礼物，钢琴大师告诉他："不要这样，你一定要享用它们，这种雪茄如人生一样，都是不能保存的，你要尽量享受它们。没有爱和不能享受人生，就没有快乐。"

懂得爱和享受，并不是说让我们今朝有酒今朝醉，过一种自由放纵的生活，而是说，生命中有些东西，如果错过了，它将永远不会重来。

生活的趣味，其实就在那许多平凡的镜头里：

每天打扮得优雅从容出门，给自己带上不同的笑容。

对善意欣赏你的男子回报浅浅的微笑。

要穿高跟鞋，但是不要高得太过分。

外出旅游，旅行中的心灵能更充实。

有喝下午茶、读书、听音乐的习惯。

如果不可以与爱人携手漫步，就要学会自己欣赏风景。

情人节或者生日没有人送花也无所谓，不必自己去买一束让花店送来。你可以将买花的钱买精美的礼物，送给妈妈和爸爸。

记住你喜欢的人的生日，包括你的家人，当然，还有自己。

偶尔自己唱歌给自己听，好坏不重要，心情爽朗就可以。

孤单的时候找好朋友聊天、逛街、吃饭。不要让孤寂淹没自己。

有固定的消遣场所，比如固定的咖啡馆、书店。让那个地方的服务生认识你，这样，你会在孤单时有个温暖的去处。

如果要出差，清理居室之后再出门，不要回来面对一屋子的邋遢。

如果要去逛街，记得穿舒适的鞋子。善待自己是表现在细节上的。

有时间的话，去学瑜伽或者跆拳道。前者能让你放松身心，后者可以防身。

家里和办公室分别空出一格抽屉放零食。

隔期清理居室和身心。多余的物品送给有需要的人，心里的不痛快记得及时清除。别让生活的忙碌和郁闷消磨了美丽容颜。

相信一见钟情的爱情，相信总有一个人会在岁月的拐角处静静地等你。只是你要擦亮眼睛，细心寻找。

珍惜生活中一切美好的东西，就是要把光鲜穿在身上，写在脸上，用在生活的琐琐碎碎中，让平凡的日子发亮。

很多女人努力工作的理由，是为了有朝一日要过“好日子”。其实，如果你平常懂得享受生活，你会猛然发现，那种“好日子”其实就在你的生活中。

命运私语

好命的女性，快乐为先。在漫长的、平淡的日子里，我们要时常对自己好一点，给自己一点奖励，充分享受一下人生的乐趣，然后你才有激情、有信心去创造更为美好的生活。